现浇楼板的裂缝控制

顾　问　黄健之
主　编　陈士良
副主编　徐　伟　潘延平

中国建筑工业出版社

图书在版编目(CIP)数据

现浇楼板的裂缝控制/陈士良主编.—北京:中国建筑工业出版社,2003
ISBN 978-7-112-05793-1

Ⅰ.现… Ⅱ.程… Ⅲ.地板—现浇钢筋混凝土施工—裂缝—控制 Ⅳ.TU755

中国版本图书馆 CIP 数据核字(2003)第 028986 号

现浇楼板的裂缝控制

顾　问　黄健之
主　编　陈士良
副主编　徐　伟　潘延平

*

中国建筑工业出版社出版、发行(北京西郊百万庄)
新 华 书 店 经 销
北京建筑工业印刷厂印刷

*

开本:850×1168 毫米 1/32 印张:3⅜ 字数:88 千字
2003 年 5 月第一版　2007 年 5 月第五次印刷
印数:12501—14000 册　定价:**10.00** 元
ISBN 978-7-112-05793-1
(11432)

版权所有　翻印必究
如有印装质量问题,可寄本社退换
(邮政编码 100037)
本社网址:http://www.cabp.com.cn
网上书店:http://www.china-building.com.cn

本书从设计、材料、施工等几个方面研究分析了住宅工程现浇钢筋混凝土楼板裂缝产生的原因,并从技术、理论和管理方面提出有效的治理方案和控制措施。

本书具有很强的针对性、实用性和借鉴性,可供建筑设计、施工技术人员及预拌混凝土、检测、监理单位阅读。

* * *

责任编辑　袁孝敏

序

　　住宅工程现浇钢筋混凝土楼板裂缝是近几年住宅工程的主要质量通病之一。为攻克这一住宅工程质量顽疾，上海市建设和管理委员会开展了全市性的治理活动，组织了设计、勘察、施工、材料、检测、监理和监督系统专家，进行住宅工程现浇混凝土楼板裂缝控制对策专项研究，就现浇混凝土楼板裂缝的形式、成因、现状进行理论分析，并从技术上、经济上、政策上、管理上提出了总体治理对策与具体控制措施。经上海市建设和管理委员会科学技术委员会审定达到了国内领先水平。

　　《现浇楼板的裂缝控制》一书即在此基础上撰写而成。该书从设计、材料、施工等多方面进行理论分析和综合论述，资料详实，措施明确，具有很强的针对性与可操作性，对住宅工程楼板裂缝控制具有较强的指导作用和实用价值。

　　本书可作为勘察单位、设计单位、施工单位、预拌混凝土供应单位、监理单位、建设单位、检测单位、工程质量监督单位、政府质量管理部门乃至大专院校、科研单位控制住宅工程楼板裂缝的操作指南和参考教材。

　　愿本书的出版对住宅工程楼板裂缝的控制与整体质量的提高起到积极的促进作用。

黄健之

2003 年 3 月

编 委 会

首席顾问	黄健之
顾　　问	徐君伦　叶可明　马自强　周建新
	蔡　健　宋耀祖　姜　敏　於崇根
主　　审	张国琮
主　　编	陈士良
副 主 编	徐　伟　潘延平
编　　委	顾国民　张元发　葛兆源　高妙康
	陈立功　廖琳珠　苏信伟　熊耀莹
	刘有才　张　越　辛达帆　朱建华
	邱　震　周翔宇　余康华

目　录

第一章　概述 ··· 1
第二章　住宅工程楼板裂缝的设计原因与控制措施 ········· 8
第三章　住宅工程楼板裂缝的材料原因与控制措施 ········· 20
第四章　住宅工程楼板裂缝的施工原因与控制措施 ········· 53
附录　相关论文 ··· 61
  1. 住宅工程钢筋混凝土现浇楼板裂缝分析 ············· 61
  2. 商品混凝土的材料性能对混凝土早期裂缝的影响
    分析 ··· 67
  3. 现浇钢筋混凝土楼板采用商品混凝土施工的裂缝
    分析及控制 ··· 75
  4. 住宅建筑裂缝因果关系漫谈 ························· 82
  5. 现浇钢筋混凝土楼板裂缝的成因及防治 ············· 96

参考文献 ··· 99

第一章 概 述

一、住宅楼板裂缝研究的背景、目的和意义

(一) 研究的背景

20世纪90年代以后,上海市人民政府逐步加大对住宅工程质量的监督管理力度,市建设主管部门"关于提高住宅工程质量若干暂行规定"和"控制住宅工程钢筋混凝土现浇楼板裂缝的技术导则"的发布对本市住宅工程质量问题起到了有效的整治作用。本市住宅工程质量总体格局趋于稳步上升的态势。但是,随着社会主义商品市场经济的成熟,住宅商品化和政府房改政策的深入发展,广大住户成了住宅的实际投资者,其对住宅质量的标准和要求也愈来愈高,并逐步转向功能质量和外观质量;反映方式也发生了变化,从信访、投诉、上告法院、诉诸媒介,甚至表现出相当激烈的程度。一个典型的现象就是现浇混凝土楼板裂缝正在上升为住宅工程质量问题的主流、市场投诉的热点,导致了相当程度的社会反响。

1. 住宅工程楼板裂缝上升为市场投诉热点

1999年后,上海的住宅结构经历了从预制多孔板体系向现浇钢筋混凝土楼板体系转换的阶段。现浇钢筋混凝土楼板在工程建设中确实克服和消除了影响结构安全和使用功能的许多质量通病。但是,现浇钢筋混凝土楼板的广泛使用也带来了楼板裂缝等质量问题日益尖锐的矛盾。据上海市建设工程质量监督总站受理的住宅工程质量的投诉数据分析,近5年来住宅工程质量投诉呈急剧上升的趋势(见图1-1);住宅渗、漏、裂缝渐趋主导地位(见图1-2);而现浇混凝土楼板的裂缝则属第一位(见图1-3)。

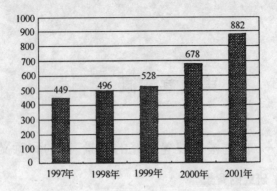

图 1-1 近 5 年上海住宅质量投诉年度统计

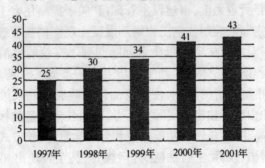

图 1-2 近 5 年上海住宅质量投诉中渗、漏、裂比例统计

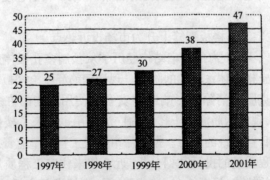

图 1-3 近 5 年上海现浇混凝土楼板裂缝投诉占住宅工程渗漏裂比例统计

2. 治理裂缝问题，花费了大量人力、物力和财力

住房分配制度改革和住房商品化货币购房政策出台以后，住户作为消费者和实际的投资者，对裂缝质量问题，反应极为敏感，对裂缝处理提出了苛刻的要求。因此楼板裂缝及因其而产生的使用功能和外观质量问题成了住宅质量矛盾的焦点。为了处理楼板裂缝的质量问题，政府和开发商投入了大量的人力、物力和财力，不仅经济损失很大，而且在一定程度上影响了政府"为民办事"的形象。以本市住宅工程质量投诉中裂缝投诉比率较高的闵行、浦东、杨浦、普陀、宝山等5个区为例，治理楼板裂缝花去的费用逐年增长，详见图1-4和图1-5。

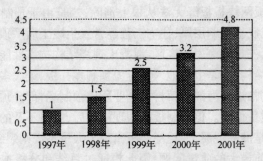

图1-4　近5年闵行等5区治理住宅楼板裂缝耗用人工统计(1997年用工为1)

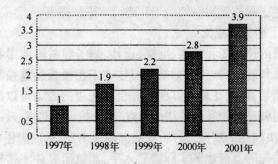

图1-5　近5年闵行等5区治理住宅楼板裂缝耗用资金统计(以1997年资金为1)

3. 楼板裂缝已经成为社会不稳定因素之一

大量住户对住宅建筑裂缝缺乏必须的常识,统视之为有害,担心因楼板裂缝而导致塌房,投诉特别激烈,使住宅质量问题的投诉跃升为社会不稳定因素和治安隐患。杨浦区、长宁区等先后出现住宅小区居民因楼板裂缝群访不断,从区到市集体上访,逢节假日还扬言到北京上访的现象;住宅小区内挂横幅刷标语要求退还购房款,声讨开发公司,有碍市容,有碍国际声誉。

(二) 课题研究的目的

1999年上海市在住宅工程中取消预应力预制多孔板,改为现浇混凝土楼板,之所以作这些规定,主要有四个原因:一是预应力预制多孔板两块板板缝无法从根上消除,二是由于预制板制作质量差,造成底板粉刷层厚,住宅工程经常发生竣工后平顶粉刷脱落质量事故,三是上海属地震区,混凝土现浇结构抗震性能大大优于预制装配结构,四是上海地区预应力预制多孔板,绝大多数来源于浙江、江苏临近上海的乡镇村办企业所属预制场,部分预制楼板生产失控,质量低下。但预制板改为现浇以后,所料不及的是由于现在使用的是商品混凝土,现浇楼板出现了大量不规则裂缝,成为住宅工程当前最大的质量问题,因此想通过总结和分析本市住宅工程钢筋混凝土现浇楼板裂缝的现状和成因,系统研究相应的控制对策,以期成功控制这一当前上海地区住宅工程的质量顽症,推动我国住宅工程质量通病的治理和建设水平的提高。

(三) 研究的意义

目前的住宅工程规划、勘察、设计、施工和材料使用各环节均存在技术和管理弱点,包括缺乏对住宅工程楼板裂缝控制的理论研究和指导;而且在某些方面国外也无先进的经验可以借用。住宅楼板裂缝已成为社会关注的焦点、群众投诉的热点、政府工作的重点、解决问题的难点,因此,从我国国情出发,从国内住宅建设技术比较领先的上海地区实际需要入手,系统研究住宅楼板裂缝的治理和控制,提出可行性对策,必将在相当长的一段时间内,促使住宅工程的设计、施工、材料管理体系更严密更科学;对推进住宅工程的商品化和产业化,对稳定上海治安形势,以致对推进我国住宅工程质量的发展,无疑是一项重要的举措。

二、住宅楼板裂缝的种类、形式与出现时间

(一) 楼板裂缝的种类

1．收缩裂缝

混凝土在凝结、硬化过程中,由于材料自身收缩而形成的裂缝。

2．温差裂缝

由于温度变化,混凝土热胀冷缩而形成的裂缝。此类裂缝都集中于屋面板和建筑物上部楼层的楼板上。

3．结构裂缝

虽然现浇楼板承载力均能满足设计要求,但由于预制多孔板改为现浇板后,墙体刚度相对增大,楼板刚度相对减弱。因此在一些薄弱部位和截面突变处,往往产生一些结构裂缝。例如墙角应力集中处的45°斜裂缝,板端负弯矩较大处的板面拉裂缝等。

4．构造裂缝

现浇楼板厚度一般为 80~100mm,住宅设计中将 PVC 电线管均敷设于楼板内,使凡有 PVC 管处的混凝土保护层减薄,易出现构造裂缝。

(二) 楼板裂缝的形式

1．45°斜裂缝

该裂缝常出现于墙角,特别是建筑物端部最后一间,呈 45°状。

2．纵横向裂缝

该裂缝沿楼板纵横向出现,一般于跨中、支座、PVC 电线管暗埋处等部位,或直线或折线状。

3．长裂缝

工程竣工后,明显的发生在一部分房间的预埋塑料电管的板面上出现裂缝,裂缝宽达 0.2~0.3mm 左右,这种裂缝仅在楼板上

表面上出现,板底无裂缝。

4. 不规则裂缝

裂缝出现部位、形状无规则或散状或龟裂状。

5. 贯穿与不贯穿裂缝

绝大多数裂缝出现在楼板表面,为不贯穿裂缝。极个别裂缝从板面一直裂到板底,呈贯穿状。

(三) 楼板裂缝出现时间

1. 早期裂缝

收缩裂缝属早期裂缝,一般出现在混凝土浇筑后的1个月中。

2. 中期裂缝

构造裂缝属于中期裂缝,一般出现在6个月以后。

3. 后期裂缝

温差裂缝和结构裂缝属于后期裂缝,一般1~2年后出现。

三、楼板裂缝研究的指导思想

近代科学关于混凝土强度的亚微观理论研究以及大量工程实践所提供的经验都说明,结构物的裂缝是不可避免的。以混凝土收缩引起的裂缝为例:据测试混凝土的收缩值一般在$(4\sim8)\times10^{-4}$,混凝土抗拉强度一般在2~3MPa,弹性模量一般在$(2\sim4)\times10^4$MPa。由公式$\varepsilon=\sigma/E$(式中ε:为应变值,σ:为混凝土应力,E:为混凝土弹性模量)可知混凝土允许变形范围在万分之一左右,而混凝土实际收缩在$(4\sim8)\times10^{-4}$,混凝土实际收缩大于混凝土允许变形范围,因此混凝土的裂缝是不可避免的,关键在于控制裂缝的宽度与深度。我们拟通过控制裂缝的外形和危害度,消除或化解住户对裂缝的畏惧心理和误解,消除或化解楼板裂缝对使用功能与结构安全的危害程度,为此必须从设计、材料、施工、管理(包括造价、工期)等提出多方面控制措施,并有效实施。

四、楼板裂缝研究的总体思路与方法

在市建委科技委和市质监总站牵头下,我们组织了本市建委系统12个单位,从总结和分析上海住宅工程现浇混凝土楼板裂缝的现状入手,从设计、施工、材料、管理四个方面剖析,共同协作完成。在研究过程中,进行了广泛的社会调查,运用现代数理统计方法分析资料数据,做了大量的试验对比,既总结了部分钢筋混凝土楼板没有发生裂缝现象工程的经验,又重点剖析了部分工程裂缝比较典型的原因;既提出了近期对策的措施,又从建筑技术发展的战略高度适度外延,设计了今后长远时期的对策解决方向。具体方法力求方便实施并有针对性,兼顾经济上的合理性。

第二章 住宅工程楼板裂缝的
设计原因与控制措施

一、现　状

（一）设计市场和住宅设计体系现状

1. 随着上海市工程建设任务的不断发展，勘察设计队伍在迅速扩大，据了解，在上海市从事工程建设勘察设计任务的地方甲级勘察设计企业达68家；地方乙级勘察设计企业78家；地方丙级设计企业160家。丙级设计企业个数占总数52%。上海市住宅工程有相当一部分是由乙级和丙级设计企业承担，住宅设计单位低资质、设计人员中刚出校门的年轻人多。外省市来的甲级勘察设计单位不熟悉上海市地方规程，有些单位的主要骨干力量并没有来，有的是低资格的设计人员搞挂靠设计。凡此种种情况，造成一部分住宅工程勘察设计质量低下，存在勘察设计质量问题较多。

2. 建筑市场不规范。一些住宅开发商任意压价，片面降低勘察设计费用，以收费最低为主要条件选择勘察设计单位，同时又不讲合理的设计周期，限期开工，逼迫提前出设计施工图。造成施工图设计深度不够，质量问题较多。有的工程上部平立面尚未确定，基础桩基先出图赶进度开工，造成既成事实，上部平面结构只能迁就，无法合理改动。

3. 从住宅工程设计的结构受力体系来讲，已从多层砌体建筑发展到高层的框架、剪力墙或框剪结构，尽管各种受力体系有其自身的受力特点，但是作为江南地域的上海地区，住宅建筑的墙体与屋面不像北方严寒地区那样需要考虑保温、隔热或抗冻影响，这些似乎都是设计规范和住宅标准规定了的传统方法；同时，在高层建筑的抗侧力计算分析时，楼板又是作为在平面内无限刚度的假定来传递侧向力的，这也是一种约定俗成的假设；然后，这些传统的计算分析方式和约定俗成的计算"假设"在严酷的现实面前受到了严重的挑战；几乎使不少住宅建筑的现浇混凝土楼板出现不同程度的裂缝。这说明，传统的设计理论和约定俗成的"假设"并不符合上海地区实际存在的楼板开裂规律。

因此，对现浇混凝土楼板的开裂现象作一些深入的调查研究是非常必要的。

4．回顾分析钢筋混凝土现浇楼板的各种受力体系发现，无论是按单向板设计还是按双向板设计；是按单跨板设计还是按多跨连续板设计；无论是板端支承在砖砌墙内还是支承在边梁或剪力墙内；受力状态的考虑都是局限于楼板平面本身的应力变化，常见的如楼板平面的受弯变形（按弯矩配置抵抗正、负弯矩的受力钢筋），楼板平面的受剪变形（如楼板的抗冲切的抗剪钢筋和连续板在板支承点周围的抵抗剪应力的用钢筋网片配筋等），即使是考虑板端嵌固节点产生的负弯矩，也是只考虑板平面弯曲或屈曲所产生的应力。在楼板受力体系分析时，对于现浇结构构件之间在三维空间中，如何分配内力，协调变形，根本就没有考虑；如与楼板连接的竖向构件如何与楼板共同作用，如何与楼板共同协调变形。再有，当在同一层平面内的楼板平面形状发生突变时，很难考虑由此产生的次应力，如楼板缺角引起的L形平面凹角处或带有外挑转角阳台的凸角板端、或是楼板在相邻板跨连接处厚薄相差过于悬殊、或局部开洞、或错层等情况下，都会产生一些应力集中现象，产生一种垂直于板截面的应力，使楼板在板平面内受到剪切，形成一种撕拉力。这对钢筋混凝土楼板是非常不利的。

（二）楼板裂缝种类

上海市住宅工程自采用现浇混凝土结构以来，现浇楼板使用的混凝土按照规定必须采用商品混凝土代替现场自拌混凝土。但是采用现浇混凝土后，现浇楼板的裂缝已成为普遍的质量通病，其裂缝发生的部位及走向带有一定的规律性，据发生现浇楼板裂缝

工程实地调查结果,概括起来有以下几种现象:

1. 长条形住宅靠近顶端单元的两个相交的外墙角处的现浇楼板,时常会发生与两个外墙成 45°夹角的条形裂缝。裂缝与外墙角垂直距离约在 50～100cm,裂缝的宽度自工程刚竣工时的 0.1mm,会发展到 0.3mm 左右,多数是沿楼板厚度上贯穿性裂缝。

调查情况表明,这种 45°夹角裂缝,对多层住宅一般从三层开始到顶层为常见;高层住宅一般从顶层开始到下部 2/3 的楼层范围内各层均有;沿着各楼层 45°夹角裂缝在顶层及上部楼层比下部楼层裂缝宽度要大,越往下层,裂缝宽度逐渐减小,直到消失。当一端外墙有转角阳台的房间楼面上却不会产生裂缝。

2. 在现浇楼板内预埋塑料电线管方向的板面上部有统长裂缝。按照现行住宅设计标准规定,起居室、主卧室内需配置单相两极和单相三极组合插座三只,单相三极空调电源插座一只及照明电源,都必须在现浇楼板内预埋穿电线的管子。近几年来,预埋电线管已经全部采用 PVC 电管,取代过去的金属黑铁管(不镀锌钢管)。在工程竣工后,明显的发生在一部分房间的预埋塑料电管的板面上出现了裂缝,裂缝宽达 0.2～0.3mm 左右,这种裂缝仅在楼板上表面上出现,板底无裂缝。

3. 在卧室或起居室平面尺寸不规则时,沿着宽度尺寸较大变化的薄弱部位,发现自凹角开始的裂缝,在现浇楼板上呈现平行于纵向墙面方向的裂缝,见图 2-1。这种裂缝宽度为 0.1～0.2mm,在楼板厚度上呈贯穿性裂缝。

图 2-1

4. 发生在现浇楼板后浇带界面上,沿着后浇混凝土和先前浇注的混凝土交接界面上,也可能发生沿楼板的厚度贯穿性裂缝。

现浇楼板发生上述种种裂缝,往往成为住户对住宅质量问题投诉的热点,有的要求赔偿,有的还要求退房。建设单位虽然采取了种种措施,例如委托专业施工队伍修补处理后可以消除不良后果,或向住户解释这些裂缝不会带来安全问题,也不会影响使用功能。但是对一些贯穿裂缝,由于修补处理不当,裂缝还会反复出现,严重的可能还会导致改变楼板的支承条件;而发生在PVC管子上部板面的裂缝,显然削弱了楼板的计算高度;在楼板尺寸突变的墙角部位沿楼板上发生贯穿裂缝,也会影响住宅的使用功能等等。消除这些现浇楼板上裂缝的发生,已成为当前亟待解决的问题,也是提高住宅工程质量需要解决的重要内容。控制现浇楼板裂缝发生,首先要全面分析裂缝发生原因,针对原因,采取相应对策措施。现从住宅工程设计角度分析原因,提出一些建议措施。

二、从设计角度分析现浇楼板发生裂缝的原因

从钢筋混凝土楼板的设计分析看,传统的做法还是按弹塑性设计。建筑结构荷载规范规定,结构设计在使用过程中按承载能力极限状态和正常使用极限状态分别进行荷载效应组合,并取各自的最不利组合进行设计,混凝土结构设计规范又规定,只有对"直接承受动力荷载作用的结构与要求不出现裂缝的结构构件"按弹性体系计算。言下之意大多数钢筋混凝土楼板是允许开裂的,只不过是我们应合理的控制裂缝的宽度和裂缝的分布。

当然,对于影响结构构件安全的和正常使用的构筑物,如水池或油罐的抗渗漏和使用在具有腐蚀性气体、高温环境的构件设计自然比较重视,也是要严格控制裂缝的。因此,由于静载或使用载荷引起的构件开裂,也是比较容易受到重视的。但是,对于临时荷载(例如:施工机械的上楼,构件砌块的堆载)或温度应力与混凝土收缩作用引起的应力往往是结构设计不容易考虑的。这些临时荷载或温度应力是促使楼板开裂的原因之一。

具体的原因不外乎以下诸方面:

(一) 温度变化引起

上海地区一年之内气温的变化较大,夏季极端最高温度达39℃,结构物外表面温度可达50℃左右,冬季温度最低可达零下5~8℃左右。由于夏天室外墙体温度高于室内温度,结构外墙面在高温下发生受热膨胀作用,在纵横两个外墙面的膨胀变形对楼板产生的牵拉力作用下,使纵横两垛外墙夹角处的楼板呈现向外墙方向的拉伸。当主拉应力大于混凝土极限抗拉强度时,造成现浇楼板在转角处出现接近45°的条形裂缝,因楼板与外墙体接触,板的上下面又均存在墙支承的约束,造成此类45°裂缝是上下贯穿的。随着混凝土龄期的增长,混凝土收缩裂缝容易在薄弱面上展开。因此这种45°方向的裂缝,在工程刚竣工时只有0.1mm宽度,到半年或一年之后,逐渐会扩展到0.2~0.3mm左右。如果施工时气温较低,一到夏季,这种45°的楼板裂缝更容易发生。

(二) 以混凝土收缩为主引起的收缩裂缝

现浇混凝土楼板内预埋塑料管,在顺塑料管位置的混凝土楼板面上的裂缝和现浇楼板后浇带交接面上裂缝均是混凝土收缩为主引起的裂缝。收缩是混凝土固有的特性之一。混凝土浇捣后,在硬化过程中和硬化以后的一段时期内,混凝土的体积将收缩。混凝土收缩值随时间而增加。混凝土一年的收缩量约为0.3~0.6mm/m。由于混凝土的收缩,在其表面或内部产生裂缝,破坏混凝土的微观结构,降低混凝土耐久性,在标准条件下,普通混凝土的收缩变化规律可用下述数学表达式表示:

$$\varepsilon(t)_0 = \frac{t}{71.48 + 1.472t} \times 10^{-3}$$

式中 $\varepsilon(t)_0$——在标准条件下初始测试时的混凝土龄期为3d的普通混凝土收缩值(mm/mm);

t——混凝土实际测试的龄期(d)。

影响收缩的因素有环境相对温度、构件截面尺寸、养护方法、粉煤灰掺量和混凝土强度等级等。这些因素都有各自的影响系数,在非标准条件下,应将这些影响系数综合考虑。对上述收缩值加以修正(摘自龚洛书、惠满印《混凝土收缩与徐变的实用表达式》1993年出版,中国土木工程指南)。由于预埋塑料电管与混凝土之间无粘结力,使楼板的计算厚度减少,当混凝土收缩时,在混凝土中产生拉应力,在这种拉应力作用下,就会在楼板内预埋塑料管的断面的薄弱部位产生裂缝,这种裂缝一般在没有配筋的楼板面层开裂,而楼板下部因有受力钢筋或构造钢筋发挥作用不易开裂。同理可知,在楼板后浇带的新老混凝土界面上,由于先浇捣的混凝土和后浇带上新浇的混凝土都产生收缩,如果缺乏必要的技术措施,必然会在新老混凝土界面上产生裂缝。

(三) 建筑设计方面原因

在现浇楼板平面形状突变的部位,由于应力集中现象,也会产生裂缝。在住宅卧室、起居室、电梯旁的平面形状不规则的部位,有时楼板遇到电梯开洞等位置,楼板的受力情况复杂,来自两方面的应力叠加而产生应力集中。在混凝土楼板的凹角部位就会产生大于混凝土抗拉强度的主拉应力,形成上下贯穿性裂缝。

1. 平面形状与产生楼板裂缝的关系

当住宅卧室或起居室沿着长度、宽度方向尺寸变化时,由于楼板刚度不一致,会产生不相同的变形。当短边楼板受墙体约束时,在长边跨产生较大变形后,板就会沿着长、宽尺寸交角的薄弱部位开裂,裂缝自凹角开始一直向里,裂缝宽度由角部开始逐步减少直至消失。

2. 住宅平面长度与产生裂缝的关系

房屋结构平面超长,由于材料的收缩和温差引起变形影响。会造成墙体连同楼板的横向裂缝。

3. 屋面、外墙节能保温措施不够

上海四季存在温差,室内、室外也存在温差,这是自然现象,而住宅建筑能否适应这种温差,避免此类楼板裂缝的发生,这是设计角度应考虑的问题。上海市"八五"、"九五"期间制订的住宅设计规范,没有完全强调按节能建筑要求,控制围护结构的传热指标,进行热工计算。较多住宅的屋面不设保温层。有的外墙采用

20cm厚混凝土,墙体的内、外表面均不做保温或隔热,热工性能差,造成屋面、外墙体在夏季温度急剧上升,加大热胀作用。从裂缝发生的现场实例分析可知,由于屋面热胀和墙面热胀的共同作用,致使产生住宅端部在顶层转角处楼板的45°斜向裂缝,其中顶部裂缝最大,往下逐渐减少,直至消失。当转角处墙面有阳台时,由于刚度大,阻止了外墙的热胀作用力对楼板的影响,因此有阳台的转角楼板就不发生45°夹角裂缝。调查资料又表明,当转角处是烟道、楼板上留有孔洞。外墙受热膨胀产生的拉力传递不到楼板上,因此这时楼板在角端就无裂缝。

(四) 结构设计方面原因

1. 结构设计对温度应力与混凝土收缩应力的控制进行针对性的配筋考虑不够。

由于墙板变形(如剪力墙或角端处交角墙板的热胀)牵连楼板,迫使楼板在楼板平面内的拉伸变形考虑不够。按传统的概念在板角支承处或板端支承处增加抵抗负弯矩钢筋的目的,只是考虑到楼板在承重竖向荷载作用下弯曲变形。并没有考虑墙板或边梁(当边梁是带窗台的深梁时)对楼板的影响。因此,有时在端跨的板角虽然增加了负弯矩钢筋或加长了角端的放射形配筋,仍然阻止不了端部单元楼板角端的45°向的裂缝。

2. 结构设计对具有预埋管的楼板在板面裂缝的构造措施上考虑也是不够

例如:PVC电管用多了,甚至在局部节点上还有十字交叉,或是不用接线盒情况,都不利于混凝土楼板发挥整体受力作用。PVC管与混凝土的握固力非常小,PVC管密集部位的楼板就变成了"夹心饼干",大大降低了板在抗弯时的计算高度。

3. 对具有开孔的楼板,特别是孔开得比较大的双向板的设计问题

设计时我们往往只考虑楼板在竖向荷载作用下的洞口四周加强配筋(因为纵向的受力钢筋被切断了)。而没考虑到如果周围的支承点上是剪力墙或深梁时,板与墙体或板与梁的变形协调问题。

在计算程序上也无法考虑协同工作,这时如墙或梁刚度较大,板的孔边凹角处必然出现应力集中现象,开洞板发生翘曲。对条状建筑由于沉降不均匀,同样会对楼板的受力产生不利影响。

4. 关于梁、柱、板采用不同混凝土级配与后浇带问题

为了充分发挥混凝土的强度特性,以及抗震设防的原则。如一般性建筑设计成"强柱弱梁,震而不倒"楼板的混凝土级配往往比柱的级配低。特别是高层建筑的底下几层这种现象比较普遍。但是在楼板与梁交接处处理不好,不同级配混凝土收缩变形不协调,也是造成楼板与梁、柱交接处开裂的一个原因。

当我们在设计较长的条形建筑时,为了减少混凝土的收缩变形,往往会预留后浇带,这对长条形楼板防止开裂是有好处的。但是后浇带不能替代伸缩缝。个别设计将现浇框架结构的长度延伸超过55m,不设伸缩缝,采用后浇带而未开裂的情况也是有的,但是不能作为经验来推广。后浇带与伸缩缝的概念、作用不一样的。至今新的混凝土结构设计规范还是没有突破这一规定,因此,结构设计在考虑防止楼板开裂方面,还是要考虑各个方面综合因素。

三、从设计角度防止现浇混凝土楼板裂缝发生的对策措施

这里不得不重复说明影响住宅现浇混凝土楼板裂缝的因素是多种多样的。有混凝土材料的预拌配制因素(如级配、强度等级、减水剂、缓凝剂、早强剂、膨胀剂、抗冻剂及外加活性矿物材料),预拌混凝土的质量还特别容易受到生产、运输、浇筑和养护过程中环境因素的影响,尤其是过高的气温、远距离的运输或搅拌车等候浇捣以及水化热等影响和施工荷载对未终凝混凝土的影响,本文只是从设计的角度提出防止现浇混凝土楼板裂缝发生的对策措施建议。

(一)建筑设计方面考虑的对策

1. 适当控制建筑物的长度

多层住宅一般应控制在不大于55m,高层应控制在不大于

45m较为合适。如果超过此长度,应采取构造措施,设置伸缩缝,超长量不大时,可用留设后浇带等措施,减少楼板混凝土的收缩影响。

2．外墙与屋面采取保温隔热措施

(1) 住宅建筑屋面采取保温隔热措施是非常必要的。除设置保温层解决冬冷问题以外,同时在上部增设架空隔热层。通过空气流动,达到隔热降温作用,减少太阳辐射导致屋面结构升温。

(2) 住宅外墙面应采用浅色装修材料,增强热反射,减少对日照热量吸收,同时外墙外表面或内表面设置保温隔热层。屋面和外墙体材料,通过热工计算,使屋面和外墙体的表面根据不同季节均能达到《夏热冬冷地区居住建筑节能标准》和《上海市建筑节能技术规程》要求,使内部结构层的温度应力减小。

(二) 结构设计方面考虑的对策

1．对于建筑物体形平面不规则而产生的裂缝,可在L形或Z字形的凹角单元开间的范围内采取负筋长向与短向拉通方案(也就是有凹角处的楼板采用双层双向配筋),钢筋宜采用小直径小间距;或设置暗梁使之形成较规则的平面。

2．为防止楼板沿现浇预埋塑料电线管方向的楼面裂缝,可采用下列任何一种措施防治:

(1) 在预埋塑料电线管时,必须有一定的措施,塑料管要有支架固定,塑料管在管线交叉通过时,必须采用专门设计的塑料接线盒,防止因塑料管交叉对混凝土板厚度削弱过多。在预埋塑料电线管的上部预埋钢筋网片,可采用钢板网或冷轧带肋钢筋网片 $\phi 4$ @100mm 宽度 600mm。

(2) 改进黑铁预埋管性能,采用内壁涂塑黑铁预埋管,一方面既保持了黑铁管(不镀锌钢管)与混凝土的握固力,同时也有利于穿线,不影响混凝土楼板的计算高度。

3．板厚宜控制在跨度的1/30,最小板厚不宜小于12cm。适当减薄后浇层,最适宜的做法是后浇层与楼板同时浇捣;采用随浇随抹,用机械抹光,在装饰阶段再涂 5mm 厚专用涂料。

4．对需要严格控制裂缝的部位，建议不用光圆钢筋，全部采用热轧带肋钢筋以增强其握固力。楼板的分布钢筋与构造钢筋宜采用变形钢筋来增强钢筋与现浇混凝土的握固力，特别是小直径的分布筋或构造筋以冷轧扭钢筋来替代光圆钢筋，对控制楼板裂缝的效果明显好转。

5．住宅端部及转角单元在山墙与纵墙交角处，应考虑山墙与纵墙受热变形后楼板能够承受在板平面内汇集在板角向的剪力。较好的构造措施是在端部单元和跨度≥3.9m的楼板中配置双向、双面钢筋；钢筋间距不宜大于150mm，在阳角处钢筋间距不宜大于100mm，外墙转角处楼板的配筋方向可以平行于墙面方向，也可配成与墙面成45°角方向的钢筋网格。配筋范围应大于板跨的1/3，钢筋间距不宜大于100mm。楼板上部钢筋与墙体连接均应满足锚固长度的要求。这些钢筋不仅是承受板在角端嵌固在墙中而引起的负弯矩，更重要的是起到了协调两片交角墙体（特别是钢混凝土剪力墙）与板在受到温度变化时的共同作用产生的变形。

6．当现浇钢筋混凝土楼板搁置在边梁上，该端跨支座的负弯矩钢筋也应该在端跨内整跨拉通，以便让墙体变形与楼板变形能通过拉通的负筋逐渐传递到中跨去，这样就协调了三个构件在温度应力作用下的变形。

7．楼板的混凝土强度一般不宜大于C30，特殊情况须采用高强度等级混凝土或高强度等级水泥时要考虑采用低水化热的水泥和加强浇水养护，便于混凝土凝固时的水化热的释放。

8．后浇带处理。住宅建筑长度超过规定的混凝土结构，可设置后浇带。待混凝土早期收缩基本完成后，再浇筑成整体结构，可减少混凝土收缩的影响，又能提高抵抗温度变化的能力。后浇带设置应考虑以下问题：

（1）后浇带的间距，住宅建筑一般控制在多层不大于55m，高层不大于45m的长度以内，以保证在后浇带划分的区段中混凝土可以较自由地收缩。

（2）后浇带应设在对结构受力影响较小的部位，一般应从梁、板的 1/3 跨部位通过或从纵横墙相交的部位或门洞口的连梁处通过。

(3) 后浇带应贯通整个结构的横截面,以将结构划分为几个独立的区段。但不宜直线通过一个开间,以防止受力钢筋在同一个长度的截面内 100% 有搭接接头。

(4) 后浇带的宽度为 700~1000mm,板和墙的钢筋搭接长度为 45 倍 d,梁的主筋可以不断开,使其保持一定的联系。

(5) 后浇带的混凝土浇灌宜在主体结构浇灌后两个月后进行,最早也不得早于 40d。使主体混凝土早期收缩完成 60%~70% 时为宜。

(6) 后浇带浇筑时的温度,尽量接近主体结构混凝土浇筑时的温度。

(7) 浇筑后浇带的混凝土最好用微膨胀的水泥配制,以防止新老混凝土之间出现裂缝。如有困难,也可以用一般强度等级混凝土。但在新老混凝土表面应清理后接浆浇筑。

9. 结构设计如能控制建筑物的不均匀沉降与采取适当的构造措施也能防止楼板开裂。例如在适当的标高位置设置钢筋混凝土圈梁,圈梁不宜过高,并应在外墙与承重墙上贯通,如果遇到楼梯间外墙时,由于窗台与窗顶标高与楼层不在同一位置,这时楼梯间的窗过梁与楼层的圈梁都应进入窗边的构造柱中。通过构造柱进行搭接来调节墙体不均匀沉降。

10. 对搁支在外挑梁上的阳台板或楼板,特别要关注梁上的荷载;设计者往往只考虑每根外挑的梁能承受本层的楼板与隔墙的荷载,并没考虑上下相邻层的牵连作用。当本层挑梁上的隔墙砌满到上层梁底时,一旦上层梁产生挠度后,自然会将上层的墙体与楼板搁支荷载全都传给本层挑梁。这也是造成挑梁与楼板面开裂的原因。有时一根挑梁要承担其上部好几层的荷载,这就必然造成严重裂缝。在设计悬臂挑梁时应验算和控制变形,而且设计时,要在挑梁下面与隔墙交界处作一些适当的脱离措施,例如留缝隙或是松软物充填,就能免除挑梁的开裂。

(三) 加强质量管理

建议勘察设计企业应严格加强内部质量管理,建立和健全质量保证体系,对 5 万 m^2 以上住宅小区设计任务,规定必须是由通过 ISO 9001 质量管理体系认证的单位承担,今后进上海承担勘察设计任务的单位也必须是获得质量体系认证证书的勘察设计单位。

通过初步调查,我们认为继续深入对住宅楼板开裂的设计控制的创新研究是很有必要的。例如:有否可能将楼板搁支在较理想的铰支座上;是否可以将钢筋混凝土楼板的设计计算模型控制在弹性变形阶段,不进入弹塑性状态;是否有办法开发研究一种有机的高弹性防水的粉刷面层材料,来适应楼板由于温度变形和混凝土收缩变形引起的开裂。

第三章 住宅工程楼板裂缝的材料原因与控制措施

混凝土现浇楼板裂缝控制材料对策研究作为住宅工程钢筋混凝土现浇楼板裂缝对策研究的分课题,从混凝土及其组成的各相关材料方面着手进行研究,重点研究裂缝产生的主要原因、影响裂缝产生的主要因素和裂缝控制措施等三个方面,研究工作分成三个阶段。

第一阶段以收集资料为主,研究现有的有关科研成果。在研究过程中查阅了近十多年来国内混凝土方面的主要期刊杂志、国内外有影响的论文和专著,并查阅了美国、法国、俄罗斯和日本四国的《预拌混凝土标准》。

第二阶段以调研为主,在研究过程中实地了解混凝土现浇楼板裂缝的发生和发展情况。就裂缝产生原因及其防治措施等问题,邀请混凝土专家进行了两次专题研讨会,并在上海市预拌混凝土行业中组织了一次征文活动,广泛听取各方面的意见。对全市一百多家预拌混凝土生产企业目前实际生产情况、混凝土用水量、水泥用量、掺合料用量、混凝土坍落度、砂率等进行了一次全面的调研。同时就混凝土泵的性能问题走访了上海松江开发区内的德国普茨曼斯特公司,为合理确定混凝土的坍落度提供依据。

第三阶段以试验为主,在收集资料、调研和广泛征求意见的基础上,通过专题研究,认为混凝土用水量、混凝土坍落度、水泥细度、掺合料掺量、骨料质量和混凝土抗拉强度是影响裂缝的主要因素。据此,就混凝土用水量与收缩的关系、水泥品种与水泥用量与收缩的关系、骨料质量与收缩的关系、外加剂与收缩的关系掺合料与收缩的关系、PP 纤维混凝土抗裂性能的影响的关系等进行了验证试验。

研究期间还参加了国家检测中心组织的由全国十个省市参加的"裂缝机理与控制防治"的研讨会和由国家检测中心在广西召开的"建设工程裂缝机理与控制防治措施学术交流会"。

通过上述这些工作,比较全面地掌握了国内外对裂缝产生机理的研究成果,对裂缝产生的主要原因及影响裂缝的主要因素有了比较正确的认识。

一、楼板裂缝现状

(一) 预拌混凝土生产企业现状

上海市现有预拌混凝土生产企业约108家,年产能力3000万 m^3,近几年实际产量1200万 m^3 左右。随着预拌混凝土生产和应用技术的不断发展和提高,预拌混凝土在保证工程质量、提高生产效率、减小施工用地、实现文明施工等方面发挥着越来越大的作用,并且已经在上海市建设工程中被广泛采用。调查表明,目前上海市除了个别远郊区域外,现浇混凝土楼板用混凝土大部分使用预拌混凝土。

预拌混凝土在建设工程及其在住宅工程钢筋混凝土现浇楼板中大量使用,为工程的优质、快速和文明建设发挥了积极作用,但是由于诸多原因,住宅工程在施工和交货使用过程中,发现有一些工程的现浇混凝土楼板出现裂缝。裂缝的产生不但影响外观质量,而且严重影响建筑物的使用寿命,威胁到人民的生命和财产安全,引起了社会关心。进一步的研究发现,住宅工程钢筋混凝土现浇楼板裂缝是一个具有普遍性的技术问题,并且已成为当前建筑工程质量的热点问题。

预拌(泵送)混凝土与现场搅拌的混凝土相比,为了满足运送、泵送和施工的要求,混凝土单位用水量和水泥用量要大得多,混凝土的砂率一般要增加6%左右,坍落度一般在100mm以上,致使在现场搅拌的混凝土施工中不易出现的问题,在预拌(泵送)混凝土中却显得比较突出,如混凝土塑性裂缝的出现,这对混凝土的生产及施工提出了更高的要求。

为了解上海市住宅工程现浇楼板混凝土的质量情况,对全市

108家预拌混凝土生产企业进行了调研,并对现浇楼板混凝土的用水量、坍落度、粗骨料用量、砂率和掺合料用量等情况进行了认真的统计和分析,其结果如下:

1. 现浇楼板混凝土用水量

上海市现浇楼板混凝土用水量见表3-1,其分布情况如图3-1所示。

上海市现浇楼板混凝土用水量实际情况表 表3-1

强度等级	结构 用水量(kg/m³)	多层			高层		
		最小值	最大值	平均值	最小值	最大值	平均值
C25		175	220	193	175	226	198
C30		166	223	194	166	225	199
C35		160	223	197	160	224	201
C40		161	221	197	165	224	199

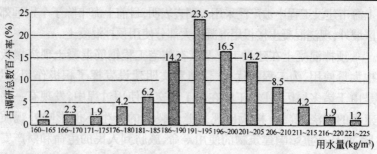

(a)

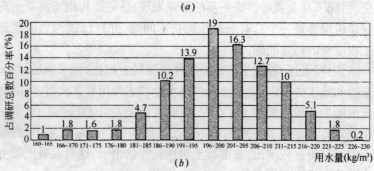

(b)

图3-1 上海市现浇楼板混凝土用水量分布情况
(a)多层住宅;(b)高层住宅

2. 现浇楼板混凝土施工坍落度

上海市现浇楼板混凝土施工坍落度实际情况如表 3-2 所示，其分布情况如图 3-2 所示。

上海市现浇楼板混凝土施工坍落度实际情况表　　表 3-2

强度等级	结构 坍落度 mm	多层			高层		
		最小值	最大值	平均值	最小值	最大值	平均值
C25		115	180	145	115	200	160
C30		100	180	145	120	220	160
C35		120	175	145	120	220	165
C40		120	180	145	120	220	165

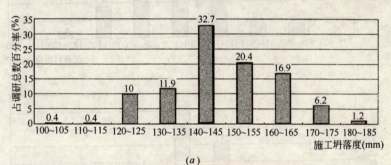

(a)

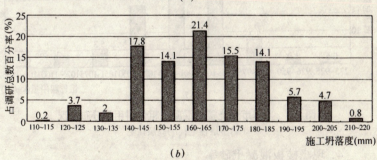

(b)

图 3-2　上海市现浇楼板混凝土施工坍落度分布情况

(a)多层住宅；(b)高层住宅

3．现浇楼板混凝土粗骨料用量

上海市现浇楼板混凝土粗骨料用量实际情况如表 3-3 所示，其分布情况如图 3-3 所示。

上海市现浇楼板混凝土粗骨料用量实际情况　　表 3-3

最小值(kg/m^3)	最大值(kg/m^3)	平均值(kg/m^3)
780	1120	1017

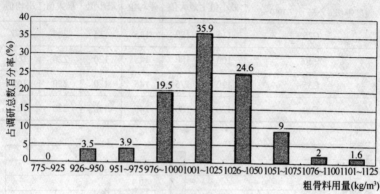

(a)

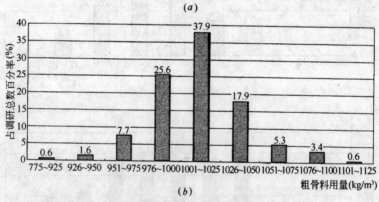

(b)

图 3-3　上海市现浇楼板混凝土粗骨料用量分布情况
(a)多层住宅；(b)高层住宅

4．现浇楼板混凝土砂率

上海市现浇楼板混凝土砂率实际情况如表 3-4 所示，其分布情况如图 3-4 所示。

上海市现浇楼板混凝土砂率实际情况　　　　　　表 3-4

最小值(%)	最大值(%)	平均值(%)
34.0	48.7	41.2

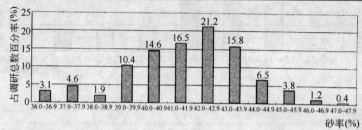

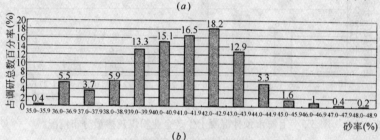

图 3-4　上海市现浇楼板混凝土砂率分布情况
(a)多层住宅；(b)高层住宅

5. 上海市预拌混凝土生产企业掺合料使用情况

通过调研发现,上海市100%的预拌混凝土企业在混凝土中掺加粉煤灰,近三分之一的企业在混凝土中同时掺加粉煤灰和矿渣微粉(矿粉),掺量情况如表 3-5 所示,分布情况如图 3-5 和图 3-6 所示。

预拌混凝土生产企业掺合料使用情况表　　　　表 3-5

强度等级 \ 结构 掺量(%)	多 层						高 层					
	粉 煤 灰			矿渣微粉			粉 煤 灰			矿渣微粉		
	最小值	最大值	平均值	最小值	最大值	平均值	最小值	最大值	平均值	最小值	最大值	平均值
C25	12.9	29.1	19.0	10.5	40.0	27.6	11.9	29.1	19.1	13.6	40.0	29.8
C30	12.7	30.0	18.9	15.6	40.0	28.4	12.6	30.0	18.5	14.7	40.0	28.0
C35	11.2	27.5	18.1	14.1	39.5	26.8	11.0	27.5	17.7	13.3	40.0	28.5
C40	11.0	25.1	17.1	12.8	31.1	26.9	11.0	25.0	16.9	11.9	40.0	26.4

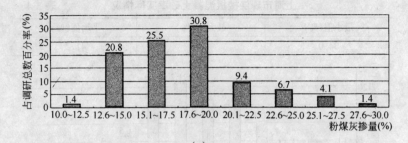

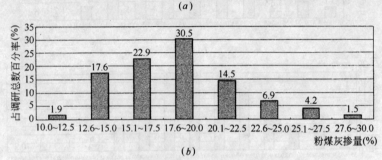

图 3-5　上海市预拌混凝土生产企业粉煤灰掺量分布情况
(a)多层住宅；(b)高层住宅

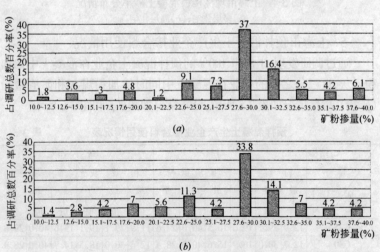

图 3-6　上海市预拌混凝土生产企业矿粉掺量分布情况
(a)多层住宅；(b)高层住宅

从调研和统计情况分析发现,上海市预拌混凝土的用水量偏高,坍落度、砂率过大,而粗骨料用量偏小,这些因素会加大混凝土的收缩,而容易产生裂缝。

(二) 混凝土现浇楼板裂缝的种类

从混凝土材料方面来分析,裂缝可分为以下几种:

1. 混凝土收缩引起的裂缝

混凝土收缩是混凝土材料本身固有的一种物理现象,据测试混凝土的收缩值一般在$(4\sim8)\times10^{-4}$,混凝土抗拉强度一般在$2\sim3MPa$,弹性模量一般在$(2\sim4)\times10^4MPa$。由公式$\varepsilon=\sigma/E$(式中ε:为应变值、σ:为混凝土应力、E:为混凝土弹性模量)可知混凝土的允许变形范围仅在万分之一左右,而混凝土实际收缩在$(4\sim8)\times10^{-4}$,混凝土实际收缩大于混凝土允许变形范围,因此混凝土的裂缝是不可避免的,关键在于控制裂缝的宽度。

2. 水泥安定性不合格引起的裂缝

当水泥中氧化镁、三氧化硫、游离氧化钙含量超标时,混凝土就会产生体积膨胀,而引起裂缝。这种情况在上海市曾发生过。

3. 碱骨料反应引起的裂缝

碱骨料反应是水泥中的碱与混凝土骨料中活性二氧化硅发生化学反应,生成碱的硅酸盐凝胶,产生体积膨胀,而引起裂缝。

4. 温度变化引起裂缝

大体积混凝土温度收缩主要是由于水化热而引起混凝土内外温差,由于混凝土内部温度升高引起体积膨胀,而外部混凝土因温度较低,因温度引起的体积膨胀较小,从而在混凝土表面产生拉应力,当温度力大于混凝土抗拉应力时,便会在混凝土表面出现裂缝。而对于现浇混凝土楼板来说,由水化热引起的混凝土内外温差较少,因此混凝土表面产生的拉应力也较少,但是在施工和使用过程中由于环境温度的变化而产生体积变化则较大。在夏季,外墙与楼板之间有较大的温差,外墙受热产生线膨胀大于楼板受热产生的线膨胀,于是,外墙对楼板产生拉应力,当此时的拉应力大于混凝土抗拉强度时便产生裂缝。

二、混凝土现浇楼板裂缝产生的材料原因分析

(一) 混凝土现浇楼板裂缝产生的原因

住宅工程钢筋混凝土现浇楼板产生裂缝的原因是多方面的,就混凝土材料本身来讲,混凝土的收缩是引起混凝土现浇楼板产生裂缝的一个主要因素。长期以来,国内外学者对混凝土收缩的机理进行了系统的研究。

混凝土由水泥、骨料、水以及存留在其中的气体组成,是一种多相非均匀的脆性材料。研究表明,当环境温度、湿度变化及混凝土硬化时,混凝土的体积会发生变化,并使其内部产生变形,由于混凝土中各种材料某些性能的不同,这种变形是不均匀的。水泥石收缩较大,而骨料收缩很小;水泥石的热膨胀系数较大,而骨料较小。同时,它们之间的变形不是自由的,相互之间产生约束,从而在混凝土内部产生粘着微细裂缝、水泥石微裂缝和骨料裂缝等三种,因此,混凝土内部微细裂缝的存在是混凝土材料本身固有的一种物理性质。利用显微镜可以清楚地发现这种微细裂缝的分布是不规则的,一般情况下,这些裂缝是不贯通的。图3-7为混凝土内部微细裂缝的示意图。

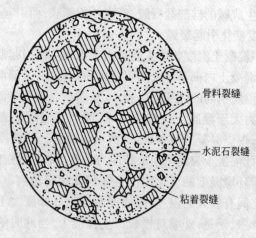

图3-7 混凝土内部微细裂缝示意图

混凝土在拉应力(包括收缩、变形和外荷载)的作用下,这些微细裂缝的长度和宽度均有相应的增大。如果拉应力大于混凝土本身的抗拉强度,这些微细裂缝逐渐互相贯通,且其宽度迅速增大。当裂缝宽度超过 0.03～0.05mm 时,便产生了肉眼可以看见的裂缝。

混凝土收缩主要有沉降收缩、塑性收缩、干燥收缩、化学收缩、炭化收缩、自收缩和温度收缩等几种。

1. 沉降收缩

沉降收缩是指混凝土浇筑后,因原材料的相对密度不一,在重力或其他外力(振动)的作用下,骨料下沉,而水泥浆上升,特别是水泥浆中比重较轻的掺合料等上升,并挤出部分水分(泌水)和空气,这种沉降直至混凝土硬化后才停止。沉降收缩裂缝往往发生在终凝之前。

如图 3-8 所示,骨料沉降过程中受到钢筋等阻挡使钢筋上部混凝土产生拉应力。当由沉降收缩产生的拉应力大于这部分混凝土的张拉应力时,混凝土就产生裂缝。

2. 塑性收缩

混凝土浇筑以后,在硬化之前仍处于塑性状态,由于混凝土表面水分蒸发而引起的混凝土收缩称

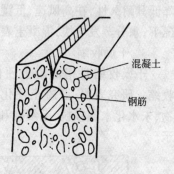

图 3-8 沉降裂缝示意图

为塑性收缩。混凝土浇筑完毕后,各种固体颗粒之间存在一层水膜,在凝结之前由于沉实泌水、蒸发等,水在混凝土中迁移,在浆体中形成一系列复杂的凹月面,形成毛细孔压力。随着水分的迁移,固体颗粒逐渐靠近,毛细孔逐渐变细,毛细孔的压力也随之增大,从而加快混凝土内部水分向外迁移。当混凝土表面水分蒸发的速度大于混凝土的泌水和毛细孔内水向外迁移的速度时,混凝土浆体的体积发生收缩。此时,如果混凝土流动性不好或者混凝土还

未产生足够的抗拉强度,混凝土就会产生裂缝。混凝土浆体体积收缩量尽管不等于混凝土蒸发的水的体积,但与混凝土含水率还是成正比的。从理论上说,塑性收缩对浆体密实有利,但是塑性收缩对大体积或大面积的混凝土是不利的,体积变化会造成混凝土开裂。

早期或塑性状态的混凝土的收缩要比硬化后的混凝土的收缩大几倍,塑性状态的混凝土表面的收缩比内部混凝土的收缩要大,70mm 厚的混凝土试件表面的收缩约为这个混凝土试件中心部分混凝土收缩的 2 倍。塑性收缩裂缝均在表面出现,形状不规则,多在横向,长短不一,约在 50~750mm 之间,细而多且互不贯通,间距约在 50~90mm 之间,类似干燥的泥浆面的裂缝。

塑性收缩开裂在道路和平板的水平面最普遍,这主要是由混凝土表面水分快速蒸发引起,裂缝的出现将破坏表面的完整性并降低其耐久性,在高风速、低湿度、高气温和高的混凝土温度等情况下,水分蒸发更快,混凝土表面也更容易产生塑性收缩。

3. 干燥收缩

干燥收缩是指混凝土硬化以后水泥石由于失水而引起的收缩。研究表明,混凝土硬化以后硬化水泥浆体中含有水化产物、未水化水泥颗粒、毛细孔和水等组成,其微观结构如图 3-9 所示。

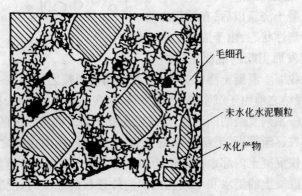

图 3-9 硬化水泥浆体微观结构图

研究表明,混凝土的收缩主要与混凝土中水泥石的孔结构及孔结构中的水分的散失情况有关。一般来说,混凝土中孔结构可以分为胶孔和毛细孔等两类,毛细孔又可分为直径大于50nm的大孔和直径小于50nm的小孔等两种。混凝土中的水可以分为化学结合水、层间水、吸附水和毛细孔水等四种。其中化学结合水是水化产物整体中的一部分,干燥时不会失去,只有当水化产物受热分解时才会放出来;层间水处于C-S-H(水化硅酸钙凝胶)层间,为氢键牢固固定,只有在强烈干燥(相对湿度小于11%)时,层间水才会失去,这时对混凝土收缩影响很大;吸附水是物理性吸附于水泥浆固体表面的水,可形成多水分子层吸附,只有当相对湿度干燥至30%时,吸附水才会大部分失去,这时对混凝土收缩有较大影响;毛细孔水根据毛细孔直径的大小不同对混凝土的收缩影响也是不同的,直径大于50nm毛细孔内的水失去时,对混凝土的收缩影响不大,而直径小于50nm毛细孔内的水失去时,对混凝土的收缩影响较大。

毛细孔失水产生收缩的机理可以采用毛细孔应力来解释,根据Laplace公式:

$$\Delta P = 2\gamma / r$$

式中　ΔP——毛细孔内外的压力差即毛细孔压力;
　　　γ——水的表面张力;
　　　r——弯月面的半径。

此式表明弯月面半径越小,毛细孔压力越大。大孔中的自由水几乎不形成弯月面,就不会产生毛细孔压力,对收缩也就没有大的影响。而产生弯月面的毛细孔中的水,随干燥弯月面半径变小,毛细管压力增大,从而产生收缩变形。

因此,通常情况下,混凝土的干燥收缩可归结为主要与混凝土的毛细孔,特别是小孔的数量及毛细孔中水分的散失有关。混凝土胶凝材料和用水量越多,则混凝土中的毛细孔也越多,混凝土的干缩也越大,反之则越小。

此外,混凝土的干燥收缩与毛细孔的贯通形式有关。混凝土用水量越多,则混凝土的泌水也越大,而混凝土的泌水会促使混凝土中更多的毛细孔相贯通,加快毛细孔中水分蒸发,使混凝土的收缩也越大。

4. 化学收缩

由水泥水化反应过程而引起的混凝土体积变小称为化学收缩。水泥水化反应的主要产物是 C-S-H 凝胶。据报道,水泥水化反应所产生的 C-S-H 凝胶的体积小于水泥与水的体积之和。对于硅酸盐水泥,每100kg水泥加水完全水化以后,其体积总减少量可达7~9mL。如果每立方米混凝土中水泥用量为250kg,则其总体积减少量为20mL左右。从硅酸盐水泥的组分矿物来分析,C_3A(铝酸三钙)水化后的体积减少量可达23%左右,是化学收缩最严重的矿物,其次分别是 C_4AF(铁铝酸四钙)、C_3S(硅酸三钙)和 C_2S(硅酸二钙)。

由此可见,混凝土中水泥用量越大,混凝土的化学收缩也越大。在水泥品种方面,水泥中 C_3A(铝酸三钙)含量越高,混凝土的化学收缩也越大。

5. 炭化收缩

由于混凝土中水泥水化物与空气中的 CO_2 发生化学反应称为炭化,由此而产生的收缩称为炭化收缩。其化学反应式为:$CO_2 + Ca(OH)_2 = CaCO_3 + H_2O$。炭化收缩的机理至今还没有形成较统一的观点。但是,国内外一些学者的试验结果表明,混凝土的炭化收缩是存在的。在潮湿条件下,混凝土炭化速度很慢,炭化收缩也很小。

在混凝土浇筑硬化初期(即龄期为56d以前),混凝土的碳化收缩很小,而在后期,混凝土的炭化收缩明显增大,一般可比不炭化的混凝土增加收缩10%~20%。混凝土炭化收缩增大的同时,还会使混凝土的弹性模量提高,导致混凝土的抗裂性能降低。

6. 自收缩

由于水泥水化反应消耗混凝土内部结构中毛细孔水将引起自干燥,由此产生混凝土的收缩称为自收缩。自收缩与干燥收缩的机理是一样的，都是由于混凝土内部结构中毛细孔水的减少或消耗而使混凝土体积减少引起的，但是这两种收缩的原因是不一样的，其主要区别在于毛细孔内水分减少的原因不同。自收缩过程中水分的减少是由于水泥水化反应引起的，它不是由于外部环境（温度、湿度）变化引起的，混凝土重量不会减轻，而干燥收缩中水分的减少是由于混凝土外部环境（温度、湿度）的变化引起的，当混凝土外部环境相对湿度减小时，混凝土内部结构中毛细孔内水迁移蒸发使毛细孔内水分减少。

水灰比的变化对干燥收缩和自收缩的影响正相反，即当混凝土的水灰比降低时干燥收缩减小，而自收缩增大。如当水灰比大于0.5时，其自收缩与干燥收缩相比小得可以忽略不计，但是当水灰比小于0.35时，体内相对湿度会很快降低到80%以下，自收缩与干燥收缩几乎相等。

（二）现浇混凝土楼板裂缝的原因分析

从混凝土材料方面来说，影响现浇楼板混凝土裂缝产生的主要原因是混凝土的收缩，而影响混凝土收缩的主要因素是混凝土中水泥胶体的收缩，混凝土收缩值与水泥胶体总量有关，水泥胶体越多、混凝土收缩也就越大。据此在保证混凝土强度和施工性能的前提下，减少水泥胶体总体成为减少混凝土收缩的关键所在，于是，从混凝土用水量与收缩的关系，水泥品种和水泥用量与收缩的关系、骨料质量与收缩关系、外加剂与收缩关系、掺合料与收缩的关系和PP纤维对混凝土抗裂性能的影响等方面的试验研究。理论和试验都证明影响混凝土收缩的主要因素有：

1．混凝土用水量

从三个方面进行了试验。

（1）在保持混凝土水灰比和坍落度相同的条件，通过外加剂调节用水量，试验混凝土用水量与收缩的关系。试验结果如表3-6所示。

（2）在保持混凝土水灰比相同（坍落度有变化）的条件下，通过调节用水量，试验混凝土用水量与收缩的关系，试验结果如表3-7所示。

混凝土用水量对收缩值的影响（在混凝土水灰比和坍落度相同条件下） 表 3-6

编号	混凝土配合比									抗压强度				收缩值 10^{-4}				
	水 (kg)	水泥 (kg)	砂 (kg)	石 (kg)	外加剂 (%)	粉煤灰 (kg)	矿粉 (kg)	坍落度 (mm)	等效水灰比	7d (MPa)	28d (MPa)	3d 劈拉 (MPa)	3d 轴压 (MPa)	3d 弹模 (MPa)	7d	28d	60d	90d	240d
B-5	220	343	659	989	—	61	—	150	0.58	29.0	48.3					2.79			
B-2	195	304	702	1053	P621 0.44%	54	—	150	0.58	29.9	42.8					2.74			
B-6	180	281	728	1092	RH 1.0%	50	—	160	0.58	31.8	47.0					2.41			
B-7	165	257	754	1130	RH 1.3%	46	—	130	0.58	30.6	44.6					1.94			
B-8	150	234	779	1169	RH 1.7%	41	—	140	0.58	32.5	48.1					1.56			

表 3-7 混凝土用水量对坍落度和收缩值的影响(在混凝土水灰比相同条件下)

编号	混凝土配合比								抗压强度						收缩值 10^{-4}					
	水 (kg)	水泥 (kg)	砂 (kg)	石 (kg)	外加剂 (%)	粉煤灰 (kg)	矿粉 (kg)	坍落度 (mm)	等效水灰比	7d (MPa)	28d (MPa)	3d 劈拉 (MPa)	3d 轴压 (MPa)	3d 弹模 (MPa)	7d	28d	60d	90d	240d
B-1	210	327	677	1015	P621 0.44%	58	—	180	0.58	30	46.6					2.96	—	—	—
B-2	195	304	702	1053	P621 0.44%	54	—	150	0.58	29.9	42.8					2.74	—	—	—
B-3	180	281	728	1092	P621 0.44%	50	—	80	0.58	34.4	43.4					2.32	—	—	—
B-4	165	257	754	1130	P621 0.44%	46	—	30	0.58	36.6	50.2					2.16	—	—	—
A-8	220	374	856	1020	—	—	—	100	0.59	—	—					1.75	—	—	4.8
A-7	180	306	850	1020	—	—	—	40	0.59	—	—					1.51	—	—	3.7

(3)在保持水泥、砂、石总量不变(坍落度有变化)的条件下,通过调节用水量,试验用水量与收缩的关系,试验结果如表3-8所示。

通过上述试验可以得出下列结论:

(1)混凝土用水量越大,混凝土收缩也越大。

(2)在保持混凝土水灰比和坍落度相同的条件下,通过外加剂减少用水量可较明显地减小混凝土收缩。

(3)随着用水量的减少、混凝土坍落度明显减小。

(4)随着用水量的减少、混凝土收缩相应减小。

进一步的研究分析认为,混凝土用水量是影响现浇混凝土楼板裂缝最主要也是最关键的因素。混凝土用水量会从三个方面影响现浇楼板裂缝的产生。第一,混凝土用水量的增加不仅会增加混凝土结构内部毛细孔的数量,而且会增加混凝土浇筑成型后毛细孔内含水量,从而将增大混凝土的塑性收缩和干燥收缩。第二,在保证混凝土强度不变的情况下,混凝土用水量的增加会相应增加水泥用量,而水泥用量的增加同样会增加混凝土结构内部毛细孔的数量,也会增大混凝土的塑性收缩和干燥收缩。第三,混凝土用水量增加,使混凝土中泌水增加,而泌水增加,促使混凝土中有更多的毛细孔相贯通、使毛细孔中水分蒸发更快,而将增加混凝土的塑性收缩和干燥收缩。

2. 水泥

水泥对混凝土的收缩影响很大,主要包括水泥的品种、水泥细度和水泥的用量等三个方面。

(1)水泥的品种和水泥细度

水泥的矿物成分对混凝土收缩有一定影响。一般认为,C_3A(铝酸三钙)含量越高,混凝土的收缩越大,其抗裂性越差;C_3S(硅酸三钙)含量越高,其收缩也越小。水泥种类不同,混凝土收缩也不同,按收缩值大小排序为:矿渣水泥>普通硅酸盐水泥>粉煤灰水泥。

一般情况下,水泥细度越细,混凝土的收缩越大,特别是早期收缩与水泥的细度关系更大。

表 3-8 用水量对收缩的影响

编号	混凝土配合比							抗压强度				收缩值 10^{-4}				
	水 (kg)	水泥 (kg)	砂 (kg)	石 (kg)	外加剂 (%)	粉煤灰 (kg)	矿粉 (kg)	坍落度 (mm)	等效水灰比	7d (MPa)	28d (MPa)	3d 劈拉 (MPa)	3d 轴压 (MPa)	3d 弹模 (MPa)	7d	28d	60d	90d	240d
A1	180	340	850	1020	—	—	—	20	0.53	—	—	—	—	—	0.96	1.32	—	—	3.9
A2	200	340	850	1020	—	—	—	40	0.59	—	—	—	—	—	1.26	1.73	—	—	4.5
A3	220	340	850	1020	—	—	—	80	0.65	—	—	—	—	—	1.12	1.96	—	—	4.3

(2) 水泥用量

水泥用量和用水量与混凝土中孔隙和毛细孔的数量直接有关。水泥用量越多,混凝土的收缩越大。表3-6～表3-8也清楚地发现水泥用量对混凝土收缩的影响。

水泥安定性不良,将使水泥凝结硬化后产生体积膨胀,从而引起不均匀的体积变化而使硬化水泥石开裂。所以,混凝土所使用的水泥必须安定性检验合格方可投入使用。

3. 骨料质量

骨料在混凝土中收缩值较小,但骨料质量与混凝土的收缩影响较大,分析认为提高骨料质量的根本目标在于减少混凝土中水泥胶体总量。据此,通过骨料质量与混凝土强度关系的试验,来推出在混凝土强度一定的条件下,骨料质量与水泥用量的关系,进而推导出骨料质量与水泥胶体总量的关系。

(1) 砂细度与收缩的关系

表3-9为砂的细度与混凝土强度的关系。砂的细度对混凝土裂缝的影响是众所周知的,究其原因主要是砂越细,其表面积越大,需要越多的水泥等胶凝材料包裹,由此带来水泥用量和用水量的增加,随之混凝土中孔隙和毛细孔增多,使混凝土的收缩加大。试验也证明,砂的细度对混凝土强度有一定影响,过细或过粗砂都会影响混凝土强度,而要保证一定的混凝土强度保证率,就要增加水泥用量和用水量,这对控制混凝土裂缝不利。

砂的细度与混凝土强度关系　　　　表3-9

混凝土强度等级	混凝土配合比(kg/m³)					实测坍落度(mm)	龄期(d)	实测混凝土强度(MPa)		
	水泥	水	碎石	砂	外加剂			砂细度2.0	砂细度2.6	砂细度3.2
C30 (120±30)	345	180	1000	855	2.4 (普通)	110～125	7	35.0	38.6	36.7
							28	45.8	49.8	48.6
C50 (120±30)	470	170	1020	725	9.4 (高效)	140～150	7	54.5	56.8	54.9
							28	71.4	72.8	72.2

(2) 砂率与收缩的关系

混凝土中粗骨料是抵抗收缩的主要材料,在其他原材料用量不变的情况下,混凝土的干燥收缩随砂率增大而增大。砂率降低,即增加粗骨料用量,这对控制混凝土干燥收缩有利。

(3) 粗骨料的品种

据资料介绍,粗骨料的品种与混凝土的收缩有较大关系。这种关系主要是由粗骨料的弹性模量所决定的。粗骨料的弹性模量越低,其收缩也越大。而粗骨料的弹性模量不仅与其矿物成分、结构构造等有关,而且与粗骨料孔隙结构的关系更大。粗骨料的孔隙率越大,其弹性模量也越低,用其生产的混凝土,其收缩也更大。据资料介绍,各种粗骨料生产的混凝土其收缩由大到小的排序为砂岩>板岩>花岗岩>石灰岩>石英岩。表 3-10 为粗骨料种类对混凝土收缩的影响。

粗骨料种类对混凝土收缩的影响　　　表 3-10

骨　料	密度(g/cm^3)	吸水率(%)	一年收缩(%)
砂　岩	2.47	5.0	0.116
板　岩	2.75	1.3	0.068
花岗岩	2.67	0.8	0.047
石灰岩	2.74	0.2	0.041
石英岩	2.66	0.3	0.032

(4) 粗骨料的级配与收缩的关系

表 3-11 为粗骨料颗粒级配与混凝土强度的关系。粗骨料的级配对混凝土收缩影响较大,其根本原因是粗骨料的级配与水泥用量有关。当采用较小粒径的骨料,或采用针片状含量较多的骨料,因其比表面积较大,生产混凝土时需要较多的胶凝材料包裹粗骨料,所以水泥用量和用水量较大。同样当颗粒级配较差时,粗骨料中的空隙较多,混凝土强度有所降低,生产混凝土时需要较多的细骨料和胶凝材料填充,所以水泥用量和用水量也较大,从而使混凝土的收缩也相应增大。因此,应该通过合理地选用粗骨料的级

配和粒径,减小粗骨料间的空隙率,在保证同样强度的情况下,减少水泥用量。

粗骨料级配与混凝土强度关系　　　表 3-11

混凝土强度	混凝土配合比（kg/m³）					实测坍落度(mm)	龄期(d)	实测混凝土强度(MPa)		
	水泥	水	碎石	砂	外加剂			碎石偏细	碎石合格	碎石偏粗
C30	345	185	1000	855	2.4（普通）	115~130	7	33.6	38.6	37.5
							28	45.0	49.8	49.1
C50	470	170	1020	725	9.4（高效）	140~155	7	51.8	56.8	53.4
							28	68.7	72.8	71.7

（5）粗骨料的用量

混凝土中粗骨料的用量与混凝土的收缩影响较大,粗骨料的用量越多,水泥等胶凝材料用量就越少,混凝土的收缩也越小。因此,应该通过合理地选用粗骨料的级配和粒径,减小粗骨料的空隙率,在达到同样强度的情况下,可减少水泥用量,对减小混凝土收缩、控制混凝土裂缝具有重要意义。

（6）骨料（砂、石）含泥量

表 3-12 为骨料含泥量与混凝土强度关系,骨料的含泥量越大,对混凝土的强度的影响也越大。由此可见,要保证一定的混凝土强度就要增加水泥用量,使混凝土的收缩增大。

骨料含泥量与混凝土强度关系　　　表 3-12

混凝土强度	混凝土配合比（kg/m³）					实测坍落度(mm)	龄期(d)	实测混凝土强度(MPa)		
	水泥	水	碎石	砂	外加剂			含泥量≤4%	含泥量>4%	含泥量≥7%
C30	345	185	1000	855	2.4（普通）	115~120	7	38.6	35.8	32.5
							28	49.8	45.8	43.1
C50	470	170	1020	725	9.4（高效）	140~155	7	56.8	51.9	49.7
							28	72.8	67.6	65.1

注:表中含泥量指骨料中砂、石的含泥量总和。

4. 外加剂

从前面的试验和分析可知在混凝土中掺入适量的减水剂,不仅可以减少单位用水量,还可减少水泥用量,从而使混凝土的收缩值降低。但在用水量不变的情况下,使用不同的外加剂品种,混凝土的收缩量也不同。根据上海市常用外加剂进行试验,表3-13是不同外加剂与收缩的关系。

5. 掺合料

"掺合料掺量对收缩和早期力学性能影响"的试验,试验结果如表3-14所示。

试验时,为了掌握混凝土早期收缩情况,对混凝土早期收缩进行了试验,试验采用两种方法,

(1) 从混凝土成型后一天即开始测试,试验情况如表3-15所示。

(2) 混凝土平板试验,试验装置如图3-10所示。

试验时,钢模采用10号槽钢,四周固定,锚固筋采用10mm螺纹钢筋,锚固长度160mm,间距100mm,锚固筋与钢模用螺母固定,混凝土浇灌后观察早期裂缝。试验时采用多种配合比的混凝土,试验结果未发现有肉眼可见的裂缝。

通过上述试验可以得出下列结论:

(1) 混凝土早期力学性能与掺合料掺量影响较大,3d劈拉、3d轴压和3d弹性模量随掺合料掺量的提高而减小;并由此可知,随掺合料掺量的提高混凝土早期抗拉能力减小。

(2) 与不掺粉煤灰相比,当混凝土中掺15%粉煤灰时,早期收缩(7d收缩)基本不变,甚至会减小。

(3) 当混凝土中在掺粉煤的同时又掺矿粉时,早期收缩(7d收缩)随矿粉掺量的提高而增大。

(4) 混凝土后收缩(28d以后)随掺合料掺量的提高而增大。

(5) 混凝土初始收缩(3d之前)是存在的收缩速度与3~7d的收缩基本相当,无明显突变。

分析认为,混凝土掺合料对混凝土裂缝的影响比较复杂,理论

表 3-13 不同外加剂与混凝土收缩的关系

编号	混凝土配合比								抗压强度		3d 劈拉 (MPa)	3d 轴压 (MPa)	3d 弹模 (MPa)	收缩值 10^{-4}				
	水 (kg)	水泥 (kg)	砂 (kg)	石 (kg)	外加剂 (%)	粉煤灰 (kg)	矿粉 (kg)	坍落度 (mm)	等效水灰比	7d (MPa)	28d (MPa)				7d	28d	60d	90d	240d
B2	195	304	702	1053	P621 0.44	54	—	150	0.58	29.9	42.8	—	—	—	—	2.74	—	—	—
B9	195	304	702	1053	Hycol 0.29	54	—	120	0.58	29.8	48.6	—	—	—	—	1.83	—	—	—
B10	195	304	702	1053	HL-1 0.40	54	—	160	0.58	32.0	46.9	—	—	—	—	2.46	—	—	—
B7	165	257	754	1130	RH 1.3	46	—	165	0.58	24.8	47.2	—	—	—	—	1.94	—	—	—
B11	165	257	754	1130	S20 1.2	46	—	140	0.58	28.7	48.1	—	—	—	—	2.15	—	—	—
B12	165	257	754	1130	HGX 1.0	46	—	145	0.58	29.3	53.9	—	—	—	—	2.06	—	—	—

掺合料掺量对收缩和早期性能影响　　表 3-14

编号	混凝土配合比									抗压强度			3d 劈拉 (MPa)	3d 轴压 (MPa)	3d 弹模 (MPa)	收缩值 10^{-4}				
	水 (kg)	水泥 (kg)	砂 (kg)	石 (kg)	外加剂 (%)	粉煤灰 (kg)	矿粉 (kg)	坍落度 (mm)	等效水灰比	7d (MPa)	28d (MPa)				7d	28d	60d	90d	240d
4-2	200	380	728	1092	—	—	—			—	36.9	1.5	8.4	2.0	0.67	2.71	3.07	3.61	
4-1	200	344	710	1065	P621 0.44%	61 (15%)	—			—	35.0	1.2	8.1	1.8	0.67	2.51	3.01	3.54	
4-3	200	268	710	1065	P621 0.44%	61 (15%)	76 (20%)			—	33.5	0.9	6.8	1.7	0.66	2.80	3.20	3.60	
4-4	200	192	710	1065	P621 0.44%	61 (15%)	152 (40%)			—	33.2	0.6	5.4	1.5	0.67	2.87	3.31	3.91	
6-2	190	380	728	1092	—	—	—			—	57.4	1.9	13.4	2.3	0.80	2.41	2.94	3.37	
6-1	190	344	710	1065	RH 1.1%	61 (15%)	—			—	50.4	2.2	16.9	2.3	0.60	2.27	2.77	3.57	
6-3	190	268	710	1065	RH 1.1%	61 (15%)	76 (20%)			—	48.6	1.8	14.9	2.4	0.90	2.34	2.81	3.34	
6-4	190	192	710	1065	RH 1.1%	61 (15%)	152 (40%)			—	55.3	1.5	13.4	2.4	1.14	2.54	3.94	3.55	

续表

编号	混凝土配合比								抗压强度			3d 劈拉 (MPa)	3d 轴压 (MPa)	3d 弹模 (MPa)	收缩值 10^{-4}					
	水 (kg)	水泥 (kg)	砂 (kg)	石 (kg)	外加剂 (%)	粉煤灰 (kg)	矿粉 (kg)	坍落度 (mm)	等效水灰比	7d (MPa)	28d (MPa)				7d	28d	60d	90d	240d
3-2	190	490	688	1032	—	—	—	10		—	63.3	3.7	21.5	3.3	0.57	2.17	2.71	3.31	
3-1	190	443	668	1001	RH 1.1%	78 (15%)	—	190		—	56.7	3.2	29.1	3.2	0.50	2.57	2.91	3.38	
3-3	190	345	668	1001	RH 1.0%	78 (15%)	98 (20%)	180		—	50.4	2.3	21.5	2.7	0.97	2.94	3.57	4.14	
3-4	190	247	668	1001	RH 1.0%	78 (15%)	196 (40%)	200		—	53.0	1.7	20.5	2.6	1.04	3.48	3.68	4.48	
5-2	185	540	670	1005	—	—	—	30		—	65.9	3.6	33	3.2	0.9	2.17	2.57	3.17	
5-1	185	488	650	990	RH 1.5%	87 (15%)	—	210		—	56.7	3.5	31.0	3.1	0.87	2.4	3.0	3.6	
5-3	185	380	650	990	RH 1.5%	87 (15%)	108 (20%)	210		—	66.5	3.2	27.7	2.9	1.37	2.64	3.04	3.27	
5-4	185	272	650	990	RH 1.5%	87 (15%)	216 (40%)	200		—	55.7	2.5	22.9	2.5	1.8	3.2	3.81	4.21	

续表

编号	混凝土配合比									抗压强度				收缩值 10^{-4}				
	水 (kg)	水泥 (kg)	砂 (kg)	石 (kg)	外加剂 (%)	粉煤灰 (kg)	矿粉 (kg)	坍落度 (mm)	等效水灰比	7d (MPa)	28d (MPa)	3d 劈拉 (MPa)	3d 轴压 (MPa)	3d 弹模 (MPa)	7d	28d	60d	90d	240d
A2	200	290	850	1020	—	—	—	60	0.59	—	—	—	—	—	1.41	1.81	—	—	4.6
A4	200	238	850	1020	—	—	50 (15%)	60	0.59	—	—	—	—	—	1.60	2.83	—	—	5.1
A5	200	170	850	1020	—	—	102 (30%)	80	0.59	—	—	—	—	—	1.67	2.03	—	—	4.6
A6	200	340	850	1020	—	—	170 (50)	40	0.59	—	—	—	—	—	1.26	1.73	—	—	4.5
A9	200	289	850	1020	—	51 (15%)	—	95	0.59	—	—	—	—	—	0.18	0.72	—	—	
A10	200	238	850	1020	—	102 (30%)	—	110	0.59	—	—	—	—	—	7.43	7.91	—	—	

注：1. 本表中所列收缩值是按 GBJ 82 方法，以3d为基准(0.00)测得。
2. 试验时实际测得3d之前的收缩值在 $(0.2\sim1.27)\times10^{-4}$。

各龄期混凝土收缩实测值　　表 3-15

编号	各龄期收缩值 10^{-4}												
	1d	2d	3d	4d	5d	6d	7d	9d	16d	23d	30d	45d	60d	90d
3-1	0.13	0.44	0.47	0.74	0.94	0.94	1.07	1.77	2.37	3.01	3.18	3.34	3.81
3-2	0.47	0.90	1.04	1.27	1.47	1.47	1.70	2.34	2.74	3.07	3.21	3.61	4.21
3-3	0.27	0.57	0.63	1.00	1.20	1.54	1.80	2.54	3.14	3.51	3.74	4.14	4.71
3-4	0.47	0.80	1.00	1.27	1.67	1.84	2.21	3.21	3.81	4.28	4.28	4.48	5.28
4-1	0	0.40	0.40	0.63	0.87	1.07	1.24	1.87	2.47	2.91	3.17	3.41	3.94
4-2	0	0.20	0.23	0.53	0.67	0.87	1.17	1.87	2.47	2.91	3.07	3.27	3.81
4-3	0.07	0.40	0.43	0.77	0.87	1.10	1.33	2.16	2.76	3.20	3.40	3.60	4.00
4-4	0.30	0.47	0.50	0.77	0.90	1.14	1.54	2.31	2.84	3.34	3.54	3.78	4.38
5-1	0.40	0.63	0.83	1.03	1.27	1.50	1.70	2.43	2.63	3.03	3.43	3.63	4.23
5-2	0.43	0.70	0.94	1.00	1.34	1.60	1.74	2.34	2.74	2.87	3.11	3.27	3.87
5-3	0.50	0.87	1.40	1.57	1.90	2.24	2.44	3.04	3.44	3.51	3.71	3.91	4.14
5-4	0.63	1.27	1.87	2.10	2.81	3.07	3.27	3.87	4.28	4.48	4.81	5.08	5.48
6-1	0.63	0.87	0.87	1.07	1.27	1.47	1.67	2.47	2.77	3.14	3.54	3.64	4.44
6-2	0.40	0.60	0.80	1.00	1.20	1.40	1.57	2.41	2.77	3.01	3.34	3.54	3.98
6-3	0.43	0.63	0.77	1.00	1.30	1.54	1.70	2.50	2.84	2.97	3.27	3.44	3.98
6-4	0.37	0.74	1.00	1.20	1.64	1.87	2.04	2.84	3.18	3.28	3.58	3.68	4.28

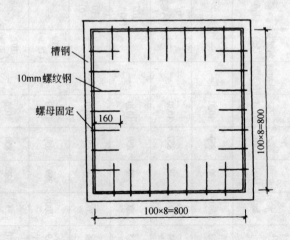

图 3-10　混凝土平板试验简图

和实践都证明,在混凝土中合理地使用掺合料能使掺合料与水泥水化产物氢氧化钙发生二次水化反应,且反应生成的胶体能填充混凝土中的孔隙和毛细孔,并能阻断毛细孔,使混凝土更致密,这对减小混凝土收缩有利。同时也能降低因化学收缩而产生的混凝土收缩。从表3-14中就可发现,与不掺粉煤灰相比,当混凝土中粉煤灰掺量在15%时可减少早期收缩(7d收缩)。此外,在混凝土中合理地掺加一定数量的矿物掺合料(粉煤灰、矿渣微粉等),能增加混凝土的和易性、降低混凝土的泌水性、提高混凝土的泵送性能、减少水泥用量。

然而,一旦使用不当,或由于施工现场条件的限制,掺合料对控制混凝土的裂缝也有不利的影响,实际工程中,因掺合料使用不当(包括混凝土的生产和混凝土的浇筑、养护)而造成现浇混凝土楼板裂缝的事例发生过多起。掺合料对控制混凝土裂缝不利的影响主要表现在:

(1) 混凝土早期强度低,容易因施工荷载而产生裂缝

在混凝土中过量使用掺合料以后,混凝土的早期强度增长速度较慢,3d劈拉和3d轴压强度较低,后期强度增长速度较快,这是因为由于混凝土中使用掺合料以后取代了部分水泥,使混凝土早期水化反应速度较慢。随着水化反应的进行,混凝土中水泥水化产物氢氧化钙浓度的提高,这时掺合料才能与水泥水化产物氢氧化钙发生二次水化反应,从而延长了水化反应的时间,使混凝土后期强度有较大的增长。由于混凝土早期强度低,容易因施工荷载作用而产生裂缝。

(2) 容易产生混凝土表面裂缝

由于粉煤灰等掺合料的相对密度较水泥小,混凝土在浇筑振捣时这些相对密度较小的掺合料容易上浮在混凝土的上表面,形成混凝土上部有较多的掺合料,而水泥含量相对较少,导致混凝土水化反应速度较慢,强度增长速度也较慢。当混凝土在干燥过程中,随着水分的蒸发,混凝土产生塑性收缩,由此在混凝土内部产生张拉应力,而由于使用掺合料的混凝土此时混凝土强度较低,因

此更容易产生混凝土表面裂缝。

(3) 对混凝土中毛细孔的影响

如前所述,当混凝土中的掺合料能充分地与水泥水化产物氢氧化钙发生二次水化反应时,二次水化反应生成的胶体能填充混凝土中的孔隙和毛细孔,阻止毛细孔相贯通,因此,合理使用掺合料对减小混凝土收缩有利。但是,如果使用不当,则混凝土中毛细孔会增多。

当混凝土中使用粉煤灰时,由于粉煤灰的胶凝效率小于水泥,因此通常采用超量取代法,每1kg水泥需要大于1kg的粉煤灰来取代,这使混凝土中胶凝材料总量增加,毛细孔的数量会相应增多;同样,当混凝土中使用矿渣微粉时,尽管因矿渣微粉的胶凝效率较高,可以采用等量取代法,但因矿渣微粉的细度较水泥细,比表面积较大,同样会增加混凝土中毛细孔的数量。这时,如果二次水化反应充分,则二次水化反应生成的胶体能填充混凝土中的孔隙和毛细孔,阻止毛细孔相贯通,能减少混凝土中的空隙和毛细孔。但是,如果不能合理、正确使用掺合料,则混凝土中毛细孔数量会增多。特别是矿渣微粉,如果使用不当,还会增加泌水,促使毛细孔的相贯通。

(4) 养护要求提高

对于使用掺合料的混凝土,为了能使混凝土在较长时间内进行水化反应、避免混凝土表面水分蒸发过快和保证掺合料能充分地与水泥水化产物氢氧化钙发生二次水化反应,对混凝土的养护要求提高。这个要求表现为:第一,早期养护时不得有荷载,以满足使用掺合料的混凝土早期强度低的特点要求。第二,保持更长时间的混凝土湿润养护,以满足二次水化反应的需要。

6. 坍落度

预拌混凝土为满足泵送和振捣要求,其坍落度一般在100mm以上,坍落度过大不仅要增加混凝土的用水量,而且水泥用量也随之增加,从而加大混凝土的收缩。

统计数据表明,混凝土坍落度每增加20mm,每立方米混凝土用水量约增加 5kg。另一方面,混凝土沉缩变形的大小与混凝土流态有关,混凝土流动性越大,相对沉缩变形越大,容易出现沉缩裂缝。因此,在满足混凝土运输和泵送的前提下,坍落度应尽可能减小。

7. 混凝土抗拉强度

在混凝土中适量加入 PP 纤维,可提高混凝土抗拉强度,对控制混凝土裂缝,特别是早期裂缝效果明显。

综上所述可归纳为:

(1) 混凝土内部裂缝是混凝土本身固有的一种客观存在的物理现象。混凝土内部裂缝可分为水泥石裂缝、粘着裂缝和骨料裂缝等三种,引起混凝土内部裂缝的主要原因是水泥石的收缩和环境温度变化。

(2) 混凝土的收缩值在 $(4\sim 8)\times 10^{-4}$,而混凝土允许收缩值仅万分之一左右,因此混凝土的裂缝是不可避免的,关键在于控制混凝土裂缝。

(3) 水泥胶体量的多少是影响混凝土收缩的主要因素。

(4) 混凝土用水量越大,混凝土收缩也越大。

(5) 在保持混凝土水灰比和坍落度相同的条件下,通过外加剂减少用水量可较明显地减小混凝土收缩。

(6) 水泥越细,收缩越大。

(7) 提高骨料质量的重要意义在于减小骨料表面积和空隙率,进而减少水泥胶体总量。

(8) 混凝土早期力学性能与掺合料掺量有关,3d 劈拉、3d 轴压和 3d 弹性模量随掺合料掺量的提高而减小,使混凝土早期抗拉能力减小。

(9) 与不掺粉煤灰相比,当混凝土中掺 15% 粉煤灰时,早期收缩(7d 收缩)基本不变,甚至会减小。

(10) 当混凝土中在掺粉煤的同时又掺矿粉时,早期收缩(7d 收缩)随矿粉掺量的提高而增大。

(11) 混凝土后收缩(28d 以后)随掺合料掺量的提高而增大。

(12) 混凝土初始收缩(3d 之前)是存在的收缩速度与 3~7d

的收缩基本相当,无明显突变。

(13)在混凝土中适量加入PP纤维,可提高混凝土抗拉强度,对控制混凝土裂缝,特别是早期裂缝效果明显。

三、现浇混凝土楼板裂缝控制措施

现浇混凝土楼板裂缝产生的原因是多方面的,就混凝土本身来讲,根据现浇混凝土楼板裂缝产生的原因和影响因素,可以发现控制现浇混凝土楼板裂缝可从提高混凝土抗拉强度和减小混凝土收缩两个方面着手。

通过研究和试验,在充分调研、综合有关专家意见的基础上,结合目前混凝土技术、原材料供应、混凝土生产和施工实际情况,可采取以下几项措施控制现浇楼板混凝土裂缝:

(一)严格控制混凝土用水量

在现浇混凝土楼板裂缝产生的原因和影响因素中已经分析到,混凝土用水量与混凝土的收缩和裂缝产生的影响最大,因此严格控制混凝土用水量对控制现浇混凝土楼板裂缝具有重要意义。

通过调查研究发现,目前上海市现浇楼板的混凝土用水量是偏高的,究其原因主要有三点:

1．混凝土配合比设计不尽合理,如砂率取值偏大。

2．原材料质量水平偏低,特别是粗骨料和外加剂的质量还有待提高。

3．混凝土坍落度偏大,施工单位习惯于大坍落度混凝土施工。

研究认为在现浇混凝土楼板中,应通过合理的混凝土配合比设计、提高砂石质量和降低混凝土坍落度等措施,适当降低混凝土的用水量。根据统计资料、有关专家的意见、进一步的分析和试验,现浇楼板混凝土的最大用水量宜控制在每立方米180kg以下,不得超过每立方米190kg,预拌混凝土生产企业通过努力是可以实现的。

(二)严格控制混凝土坍落度

混凝土坍落度直接影响混凝土的用水量,与施工条件和要求密切相关。研究过程中对上海市108家预拌混凝土生产企业目前实际情况进行调研,并了解了混凝土泵的有关性能。

适当降低混凝土坍落度对减小混凝土的收缩、控制混凝土裂缝是有利的,且是完全可行的。在调研、试验基础上,征求有关专家的意见之后,认为现浇楼板混凝土坍落度最大值应符合表3-16中的规定。

现浇楼板混凝土最大坍落度规定值　　　　表3-16

泵送高度	混凝土最大坍落度
50m以下	120±30mm
50~100m	150±30mm
100m以上	可根据实际情况作适当调整

(三) 提高骨料(砂、石)质量,增加粗骨料数量

提高骨料质量,增加粗骨料数量,适当降低砂率有利于减小混凝土的收缩,其中提高骨料质量是基础。通过合理选用粗骨料的粒径和颗粒级配,可以降低粗骨料的空隙率,减少砂浆的数量,对降低砂率、减少水泥等胶凝材料的用量具有重要作用。

在研究过程中,对目前上海市预拌混凝土的粗骨料用量和砂率进行了调研,通过调研和试验,认为:

1. 提高骨料质量,增加粗骨料数量,适当降低砂率有利于减小混凝土的收缩,砂率宜控制在40%以内。

2. 应增加混凝土中粗骨料(石子)的用量,做到骨料级配科学合理,对于现浇混凝土楼板,每立方米混凝土粗骨料的用量不少于1000kg。

3. 禁止使用细砂。

(四) 合理选用外加剂

混凝土应选用减水率高,分散性能好,并对混凝土收缩影响较小的外加剂。外加剂减水率不应低于8%,劣质外加剂不得用于混凝土中。

(五) 控制混凝土掺合料掺量

目前,上海市预拌混凝土主要使用低钙粉煤灰、高钙粉煤灰和矿渣微粉三种。混凝土掺合料的使用应综合考虑,其中包括水泥的矿物组分、施工工期对混凝土早期强度的要求、工程养护条件、工程实际条件下混凝土的收缩等。

通过研究和调查分析,并结合有关标准,认为:根据目前上海市预拌混凝土用水泥的矿物组分及其外掺料的掺量、生产技术和管理水平以及施工实际情况,应合理使用混凝土的掺合料,使用混凝土掺合料时应符合下列规定:

1. 掺合料的质量必须符合有关标准的要求;

2. 低钙粉煤灰和高钙粉煤灰的使用及其掺量应符合有关标准或规范的要求;

3. 矿渣微粉的使用应符合有关标准或规范的要求,矿渣微粉的掺量不应大于水泥用量的30%;

4. 混凝土中水泥用量不应少于 $200kg/m^3$(若采用硅酸盐水泥,其用量不应少于 $180kg/m^3$)。同时混凝土中最多水泥用量应符合有关规定。

(六) 采取适当措施增加混凝土的抗拉强度

当工程需要时,可通过添加纤维等措施增加混凝土的抗拉强度,控制混凝土的裂缝。

第四章 住宅工程楼板裂缝的施工原因与控制措施

一、楼板裂缝现状

(一) 施工企业现状

1. 住宅建设施工队伍素质亟待提高。20世纪80年代以来，上海市城市基础设施建设，高、精、深、重为特色标志性建筑工程以及量大面广的住宅小区工程，作为上海城市基本建设三大支撑体系齐头并进，施工企业迅速扩大，全市基本建设施工人员最庞大时达到百余万人。由于工程专业分类的特殊性，占全市施工企业主导地位的一级、二级施工企业，特别是大型施工企业热衷于承建技术难度大、工艺结构复杂、造型新颖的城市基础设施和重点建设项目。一度被认为是"烂污工房"的住宅工程基本是由资质相对较低的集体或民营的施工企业承担。这些施工企业的施工人员主要来自农村，刚刚放下锄头铁搭，不熟悉住宅施工的主要工艺，不精于混凝土浇灌及砌体砌筑的基本技术，不熟悉住宅建设的质量技术标准；即使有时是高资质企业总包施工，由于实际分包的质量能力较低，住宅工程质量得不到保证，住宅工程质量问题一度较差。

2. 住宅市场不规范，施工企业难做"无米之炊"。20世纪90年代初在上海特别是市场结合部住宅工程一哄而起，住宅开发商不尊重住宅建设秩序，一些开发商有地就是"霸王"，任意开发，随意定价，片面压低勘察设计费用，以收费最低为主要条件选择施工企业。部分施工企业低价中标，再随手转包，不讲合理的施工周期，限期开工后，工期一压再压，三天一层墙，下层结构强度未稳定，上层结构继续施工，难免住宅工程质量用户不满意。

3. 混凝土浇筑工艺升级换代,施工现场缺乏质量保证措施。随着上海市建筑施工技术的进步,上海市住宅工程施工实现了从现场搅拌混凝土进化为商品混凝土泵送技术施工。浇筑工艺的演变,造成现场机械设备、人员操作工艺规程乃至技术参数的重大调整,但不少企业沿用老一套施工方法,钢模板支撑体系几十年不变,钢管支撑排列变形较大,混凝土的坍落度从原来的 3cm、4cm 提高到 12cm 的要求,却未引起施工人员的重视,混凝土浇筑成形后往往离析度过大,楼板难免出现裂缝。

(二)楼板裂缝种类

1. 板面四角斜裂缝。这种裂缝出现在板面的四个角,裂缝方向与板边几乎成 45°角(图 4-1)。

2. 板底跨中裂缝。这种裂缝出现在板底,垂直于受力钢筋(图 4-2)。

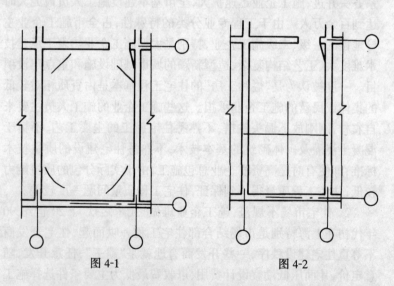

图 4-1　　　　　　　图 4-2

3. 板底平行于短跨受力钢筋方向的裂缝。这种裂缝出现在板底,平行于短跨受力钢筋方向(图 4-3)。

4. 板底对角线处裂缝,这种裂缝出现在板底,沿着板的对角线方向(图 4-4)。

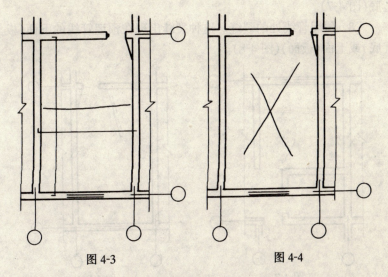

图 4-3　　　　　　　图 4-4

5. 板面龟裂。这种裂缝是板面规则裂缝,深度一般为 3~5mm,裂缝宽度<0.3mm(图 4-5)。

6. 板底不规则裂缝。这种裂缝出现在板底,呈不规则状,且无一定的位置(图 4-6)。

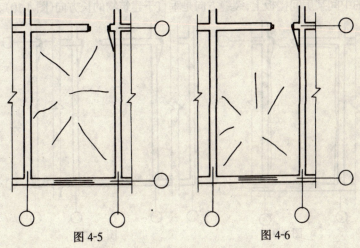

图 4-5　　　　　　　图 4-6

7. 局部内隔墙下板底裂缝。这种裂缝出现在内隔墙处的板底(图4-7)。

8. 预埋管线处的裂缝。这种裂缝出现在预埋管线的下面(板底)或上面(板面)(图4-8)。

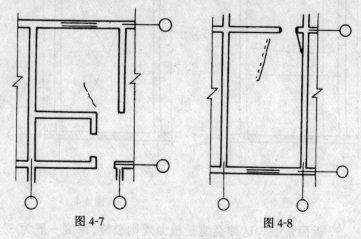

图4-7　　　　　　　图4-8

9. 板面四周裂缝。这种裂缝出现在板面,沿板的四边近墙处(图4-9)。

10. 最上一层中间房间的楼板裂缝。这种裂缝出现在最上一层的中间某房间楼板上,裂缝方向是垂直于建筑物的长方向(图4-10)。

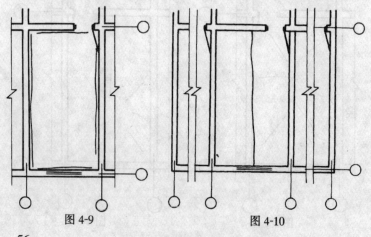

图4-9　　　　　　　图4-10

上述各种裂缝,严重者出现贯穿现象,或裂缝宽度>0.3mm。

二、施工原因分析

(一) 模板工程原因

1. 模板支撑未经计算或水平、竖向连系杆设置不合理,造成支撑刚度不够,当混凝土强度尚未达到一定值时,由于楼面荷载的影响,模板支撑变形加大,使混凝土楼板中间下沉,楼板产生超值挠曲,引起裂缝。

2. 由于工期短,加之楼板配备数量不足,出现非预期的早拆模,拆模后混凝土强度未达到规范要求,导致挠曲增大,引起裂缝。

3. 当模板支撑支承在回填土上时,回填土既未夯实,也未采取其他措施。混凝土浇捣后填土沉陷,模板支撑随着下沉,使混凝土楼板产生超值挠曲,引起裂缝。

(二) 钢筋工程原因

板的四周支座处钢筋、板的四角放射形钢筋或阳台板钢筋均应按负弯矩钢筋设置在板的上部,但有些工程上述钢筋的绑扎位置不正确;或绑扎位置正确而未设置足够的小支架将其牢固固定;或前两者均符合要求,但在混凝土浇捣时,操作人员随意踩踏钢筋,使这些钢筋落到下面了,混凝土浇捣后此处保护层变大,板的计算厚度减小,楼板受力后出现裂缝。

(三) 混凝土工程原因

1. 楼板混凝土浇捣时,既无控制板厚的工具,也未做有效的标高标记,而是凭操作人员的经验和感觉,因此很难保证板的厚度符合设计和规范要求。当板的厚度小于这些要求时,容易导致出现裂缝。

2. 混凝土浇捣后,终凝前未用木蟹压抹,以增加混凝土表面抗裂能力,容易出现板面龟裂。

3. 混凝土浇捣后,没有及时浇水养护,并保证一定的养护期,也没有采用其他有效措施,加快了混凝土的收缩,从而导致楼板裂缝。

4. 混凝土浇捣后,没有经过一定的养护期,混凝土强度尚未达到一定的值时(规范要求 1.2MPa),就安排后续工序施工,甚至吊运重物冲击楼板,使楼板出现不规则裂缝。

(四)现场施工管理方面的原因

1. 技术质量管理责任制不落实。
2. 技术交底、技术复核、过程控制不到位。
3. 部分企业管理人员,操作人员技术素质不能胜任。
4. 进度计划安排时,不考虑混凝土的养护期,或施工现场未创造混凝土养护条件,不能保证混凝土得到养护。

(五)其他方面原因

1. 局部内隔墙设计为直接砌筑在楼板上,施工时由下而上逐层完成,当上一层内隔墙砌筑完后,其墙体自重作用在楼板上,楼板由此增大变形,部分荷载传递到下层楼板。一层一层往上砌,传递到下层楼板的荷载逐渐增加,使下层楼板在内隔墙处板底出现裂缝。

2. 预埋管位置处理不当。模板安装完后,下层钢筋尚未绑扎,就在模板上铺设管线,或钢筋、管线交叉重叠,管线上表接近混凝土表面,上面又未加钢筋网,因此在管线的下面或上面出现裂缝。

三、施工控制措施

(一)模板工程措施

1. 保证模板的刚度。模板支撑的选用必须经过计算,除满足强度要求外,还必须有足够的刚度和稳定性,支撑立杆(ϕ48 钢管)的间距一般不大于 900mm。

2. 座在回填土上的模板支撑,填土应夯实,支撑下应加设足够厚度的垫板,并有较好的排水措施。

3. 根据工期要求,配备足够数量的模板,保证按规范要求拆模。

(二)钢筋工程措施

1. 对于板周边支座处的负弯矩钢筋、板四角的放射形钢筋和阳台板钢筋,绑扎时位置正确,同时必须设置钢筋支架,将上述钢筋牢固架设,支架的间距≤1m。

2．混凝土浇捣前,必须在板周边支座处的负弯矩钢筋、板四角的放射形钢筋和阳台板钢筋范围处搭设操作跳板,供操作人员站立。操作人员不得踩踏在上述钢筋上作业。

3．严格保证钢筋位置。固定后的钢筋与模板之间必须严格按规范规定镶嵌保护层垫块。垫块的厚度应控制在2cm左右。目前不少施工企业采用的塑料垫块用铅丝固定在主筋位置的方法应予提倡。

(三) 混凝土工程措施

1．保证楼板厚度。应严格按设计和规范要求控制楼板厚度。在浇捣混凝土前应设置标示板厚的三脚标架,操作人员必须严格依据三脚标架控制板厚。

2．严格控制用水量,混凝土浇捣时,必须在规定的坍落度条件下施工,严禁贪图方便,任意加水的现象,以防混凝土离析度过大,影响强度。

3．混凝土终凝前必须用木蟹两次抹平。混凝土浇捣后,在终凝前须用木蟹进行两次压抹处理,以提高混凝土表面的抗裂能力。

4．混凝土养护应充分、规范。

(1) 混凝土浇捣后,12h内应对混凝土加以覆盖和浇水,浇水养护时间一般不得少于7d,对掺用终凝型外加剂的混凝土,不得少于14d。施工现场必须安装供浇水养护的水管。高层建筑尚应设计有足够扬程的临时用的水泵和水源。

(2) 后续工序施工时应采取措施,保证连续浇水养护不受影响。当不能保证浇水养护时,必须在混凝土表面覆盖塑料薄膜。

(3) 在养护期内,混凝土强度小于1.2MPa时,不得进行后续工序的施工。混凝土强度小于10MPa时,楼板上不得吊运堆放重物,在满足混凝土强度≥10MPa的情况下,吊运重物时,重物堆放位置应采取有效措施,减轻对楼板的冲击影响。

(四) 现场施工管理措施

1. 按 GB/T 19001—2000《质量管理体系要求》标准的要求,建立质量保证体系,落实岗位职责,确保人员能够胜任,加强过程控制。做好项目工程师对技术人员和技术人员对操作人员在控制裂缝方面的技术交底工作。

2. 在编制施工组织设计时,应将控制裂缝的措施,包括加强地基基础处理,保持结构稳定性的措施编入施工组织设计中,并督促项目部认真贯彻实施。

3. 在施工图纸交底时,就钢筋混凝土现浇楼板在设计方面可能会出现裂缝的问题,如楼板 $L/H \geqslant 30$、楼板厚度不够、钢筋间距过大,直径过小等,与业主、设计、监理研讨,取得有利于控制裂缝的一致意见,并形成会议记录。

4. 合理设定结构施工工期。施工组织设计时对主体结构施工工期的确定必须科学合理,既要保证施工的连续性,更要保持前期施工结构的刚度、强度均已达到规范允许强度后才继续进行下一层结构施工。

5. 建议建材行业开发一种效果甚佳的混凝土养护液。这种养护液涂刷到混凝土表面后,既能保持混凝土内部的水分不过快蒸发,又不影响楼板结构粉刷层的粘结。

通过对以上三个方面工作,希望能从混凝土楼板施工中的模板支撑,钢筋工程和混凝土工程等环节,加强管理,将施工中的裂缝原因得到克服和解决,使现浇混凝土楼板裂缝得到有效控制。

附录 相关论文

1. 住宅工程钢筋混凝土现浇楼板裂缝分析

潘延平

上海市建设工程质量监督总站

自1999年上海市建委颁发《关于提高本市住宅工程质量的若干暂行规定》文件后,本市住宅工程从根本上解决了不均匀沉降、房屋倾斜、外墙开裂等结构质量问题。但随着现浇钢筋混凝土楼板代替预应力预制多孔板以后,相当一部分住宅工程出现了为数不少的楼板裂缝问题,约占住宅工程质量投诉量的33.7%,已成为住宅工程最严重的质量问题之一。

本文拟对钢筋混凝土现浇楼板裂缝问题,从设计、施工、材料等方面进行综合分析,并提出控制裂缝的措施,供大家参考。

一、裂缝现状

(一) 裂缝种类

1. 温差裂缝

由于温度变化,混凝土热胀冷缩而形成的裂缝。此类裂缝都集中于屋面板和建筑物上部楼层的楼板上。

2. 收缩裂缝

混凝土在凝结、硬化过程中,由于材料自身收缩而形成的裂缝。

3. 结构裂缝

虽然现浇楼板承载力均能满足设计要求,但由于预制多孔板改为现浇板后,墙体刚度相对增大,楼板刚度相对减弱。因此在一些薄弱部位和截面突变处,往往产生一些结构裂缝。例如墙角应力集中处的45°斜裂缝,板端负弯矩较大处的板面拉裂缝等。

4．构造裂缝

现浇楼板厚度一般为80~100mm,住宅设计中将PVC电线管均敷设于楼板内,使凡有PVC管处的混凝土保护层减薄,易出现构造裂缝。

(二) 裂缝形式

1．斜裂缝

斜裂缝常出现于墙角,特别是建筑物端部最后一间,呈45°状。

2．纵、横向裂缝

沿楼板纵、横向出现,一般于跨中、支座、PVC电线管暗埋处等部位,或直线或折线状。

3．不规则裂缝

裂缝出现部位、形状无规则,成散状或龟裂状。

4．贯穿或不贯穿裂缝

绝大多数裂缝出现在楼板表面,为不贯穿裂缝。极个别裂缝从板面一直裂到板底,呈贯穿状。

(三) 裂缝出现时间

收缩裂缝属早期裂缝,一般出现在混凝土浇筑后的1个月中;构造裂缝属于中期裂缝,一般出现在6个月以后;温差裂缝和结构裂缝属于后期裂缝,一般1~2年后出现。

二、裂缝原因分析

(一) 设计方面

1．楼板厚度

楼板厚度虽能满足承载力要求,但随着住宅开间和厅面积的增大及不少房产开发商取消了传统的在现浇楼板表面铺30mm细石混凝土地坪,致使楼板厚度不能满足构造要求。

2．配筋计算

不少设计单位仍按照单向板计算方法来设计配置楼板钢筋,支座处仅设置分离式负弯矩钢筋。由于计算简图与实际受力情况不符,单向高强钢筋或粗钢筋使混凝土楼面抗拉能力不均,局部较弱,无筋处易产生裂缝。部分设计单位对现浇楼板构造筋配置不重视:墙角无放射筋、薄弱环节无加强筋、负弯矩处钢筋配置不够。

3．混凝土强度等级

预制多孔板改为现浇楼板后,大部分住宅工程都采用预拌混凝土浇捣,但有些设计单位选用的楼板混凝土强度等级过高,使水泥用量增加、水化热加大,从而加速产生混凝土温差裂缝和收缩裂缝。

4．板内布线

现浇楼板内暗敷 PVC 电线管,有的甚至两根电线管交错叠放,管道上口混凝土保护层超薄,混凝土抗拉强度减弱。

(二) 施工方面

1．盲目赶工期

为抓进度、赶工期,楼板混凝土浇捣完,尚未到达规定强度,即已上人操作,并堆放施工荷载,使楼面混凝土受到损伤。

2．养护马虎

混凝土浇捣完后未进行表面覆盖和浇水养护或养护时间不足,导致混凝土表面失水过快,由收缩产生拉应力,造成表面裂缝。

3．支模拆模

模板支撑立杆与楼面接触部位没有设楔子,使混凝土在浇捣过程及成型后局部变形,导致裂缝产生。底模拆模时间过早,混凝土受到内伤。

4．钢筋未设撑脚

楼面支座处负弯矩配筋未设置撑脚,施工人员踩在负弯矩钢筋上,使钢筋下沉,混凝土保护层厚度增加,楼板有效截面高度 h_0 减少。

5．振捣不当

平板式振动器过度振捣楼板混凝土,造成粗骨料下沉,板面出现砂浆层,混凝土强度降低,也易出现干缩裂缝。

(三)材料方面

1．混凝土坍落度过大

为了保证预拌混凝土的可泵性,部分楼板混凝土坍落度设计过大,导致混凝土流动性增加。

2．混凝土配合比不当

为满足工期要求,加快施工进度,施工单位常将柱、墙、梁板混凝土改为同一种强度等级,并一次性浇捣,从而造成楼板混凝土配合比不当及提高了楼板混凝土强度等级。

3．外加剂、掺合料掺量过多

预拌混凝土中粉煤灰、矿粉等掺量过多,使混凝土早期强度偏低,抗拉强度达不到要求。

4．原材料质量波动

混凝土搅拌站在混凝土生产前,未对原材料进行严格检验复试。个别水泥、外加剂、掺合料质量波动,粗、细骨料含泥量超标,甚至使用细砂、特细砂,严重影响混凝土质量。

5．混凝土供应间歇时间长

由于受道路交通制约等方面原因,不能保证混凝土连续浇捣,加之现浇楼板施工冷缝的增多,给裂缝以可乘之机。

三、裂缝控制措施

(一)设计方面

1．按双向板配筋

为使楼板计算简图与实际受力情况一致,现浇楼板应按双向连续板计算配筋。为减少开裂,宜采用双面配筋,增加表面配筋量。楼板最小配筋率 μ 应$\geqslant 0.3\%$,且应采用细直径螺纹钢筋。

2．增加楼板厚度

考虑到楼板双面配筋,并且楼板内暗敷电线管线较多,再加上楼面上30mm细石混凝土地坪常被取消等因素,现浇楼板厚度应为120mm。

3．控制混凝土强度

多层、小高层住宅楼板预拌混凝土强度应≤C30,高层应≤C35。

4．加强构造配筋

为克服墙角45°斜裂缝,应在墙角配置放射筋(特别在建筑物端部),长度大于1/3跨(不少于1.5~2.0m)。上部支座处负弯矩钢筋宜每隔1根设置1根通长筋,以抵抗板中裂缝及端头裂缝。除受力筋满足要求外,分布筋间距应适当加密,间距150~200mm。使楼板受力均匀,增强混凝土抵抗温度、干缩变形的能力。当选用冷轧扭钢筋时,最小配筋率应满足规范要求。

5．管线敷设

预埋电线管位置应设置在楼板上下两皮钢筋当中,严禁两根管线交错叠放,可采用接线盒方式。当楼板厚度较薄时,应在管线外侧增加钢丝网。

(二) 施工方面

1．合理确定工期

按科学规律安排施工工期与进度计划。楼板混凝土浇捣完成后,其强度未达到$1.2N/mm^2$,施工人员不得在楼面操作及堆载材料。

2．严格养护

楼板混凝土浇捣完毕后,根据当时室外气温,确定养护方案。冬、夏季节,应采取混凝土表面加盖草包、塑料薄膜等养护措施。混凝土在浇筑完后12h内,必须进行浇水养护。对采用硅酸盐水泥、普通硅酸盐水泥或矿渣硅酸盐水泥拌制的混凝土,浇水养护不得少于7d;对掺用缓凝剂或有抗渗性要求的混凝土,浇水养护不得少于14d。

3．控制拆模时间

模板的周转配置,应考虑到规定的拆模时间,跨度大于2m小于8m的现浇楼板,其拆模混凝土强度必须达到标准值的75%,当跨度大于8m时,拆模混凝土强度必须达到其标准值的100%,防止过早拆模引起的混凝土损伤。同时,模板支撑立杆下部与楼面接触部位应设楔子顶紧,防止混凝土在浇捣过程中变形。

4．控制负弯矩钢筋位置

在楼板负弯矩钢筋处设置撑脚和马凳,楼面钢筋上设置跳板,严禁在混凝土浇捣过程中踩踏钢筋,确保负弯矩钢筋的正确定位。

(三)材料方面

1．合格确定混凝土的配合比和坍落度

在混凝土配合比设计时,应全盘考虑,多用骨料、少用粉料,以减少裂缝产生。坍落度应适当控制,不宜过大,多层和小高层宜小于140mm,高层宜小于180mm,尽可能减少混凝土的流动性。应选用高等级低水化热的矿渣水泥,减少水泥用量和水化热。

2．严格控制混凝土掺合料的掺量

混凝土掺合料的掺量比例应合理,以保证混凝土早期强度,提高混凝土的抗拉性能。控制混凝土水灰比,最大用水量应<180kg/m^3。

3．严格原材料检验试验

在拌制混凝土之前,必须按规定对水泥、粗细骨料、外加剂等进行检验复试,不合格的材料不得使用。

4．保证混凝土连续浇捣

在配备混凝土运输车辆时,应充分考虑交通路况的影响,确保混凝土浇捣的连续性,减少施工冷缝。当混凝土浇捣中停歇时间过长时,应采取接浆处理等应紧措施。

2. 商品混凝土的材料性能对混凝土早期裂缝的影响分析

徐 伟[①]　任洪峰　王旭峰　陶建民

【摘要】 对现浇楼板商品混凝土浇筑后容易出现的裂缝问题,从商品混凝土的材料性能等方面进行了专门论述,并提出在应用中如何进行早期裂缝控制的相关建议。

【关键词】 现浇楼板　早期强度　收缩　材料性能

【中图分类号】 TU528;755　／文献识别码 A　**【文献编号】** 1004-1001(2001)05-0330-32

一、概述

目前在建筑施工中已多采用商品混凝土,但通过多数工程实践,尤其是在高层住宅施工中,发现有一些工程在混凝土浇筑后几小时内即抹压面后,有细微裂缝出现并随着混凝土硬化收缩逐渐扩展,并通至板底。由于裂缝多发生在混凝土硬化早期,所以此类裂缝属于混凝土的收缩裂缝——非结构受力裂缝。尽管此类裂缝与由荷载引起的裂缝不同,它一般不影响结构的承载力。但由于目前消费者对购买商品房质量要求的提高,我们必须在施工中杜绝此类裂缝的出现。以下就商品混凝土的材料性能等方面分析裂缝的产生原因,并提出相应对策。

二、商品混凝土早期裂缝的产生原因

商品混凝土早期裂缝生成的直接原因是因约束而产生的拉应力超出了该龄期混凝土所能承受的抗拉极限。这其中有两个关键因素:

(1) 混凝土的早期抗拉强度和极限拉伸值;

(2) 混凝土的收缩变形。国内外曾经做过一系列劈裂抗拉强

[①] 徐伟,1954年生,同济大学建筑工程系教授,博士生导师。

度试验和轴向拉伸试验,对混凝土的早期抗拉强度和极限拉伸值随龄期的变化规律进行了分析,对于普通混凝土其强度主要决定于水泥石强度及其与骨料表面的粘结强度,而这又与水泥强度等级、水灰比及骨料性质有密切关系。

对于混凝土的收缩变形,它主要包括干燥收缩、塑性收缩、自干燥收缩、温度收缩和碳化收缩五种形式。干燥收缩最为常见,发生在早期阶段。塑性收缩发生最早,在干燥收缩之前,当混凝土还处于塑性阶段,由于水分的散失而导致。自干燥收缩发生在水泥硬化过程中,由于产生于混凝土内部,不与环境介质接触,也称自身收缩。温度收缩是在混凝土初凝后,混凝土水泥石具有一定强度时,由于相对初凝期或稍后阶段的温度较低而产生。碳化收缩主要是空气中 CO_2 与混凝土水泥石中的 $Ca(OH)_2$ 反应生成碳酸钙,放出结合水而使混凝土收缩。

混凝土收缩机理比较复杂,随着许多具体条件的差异而变化。国内外统计资料表明,可以采用下列指数函数表达式形式进行收缩值计算:

$$\varepsilon_{y(t)} = \varepsilon_y^0 \times M_1 \times M_2 \times M_3 \cdots \times M_{10}(1 - e^{-bt})$$

式中　　$\varepsilon_{y(t)}$——任何龄期的混凝土收缩值(mm/mm);

ε_y^0——标准状态下的最终收缩值(即混凝土的极限收缩值(mm/mm)),一般可取 3.24×10^{-4};

b——经验系数,一般取 $b = 0.01$,当养护较差时取 0.03;

t——混凝土浇筑后到计算时的天数;

$M_1、M_2、M_3 \cdots M_{10}$——考虑各种非标准状态下的修正系数,见下表:

水泥品种	水泥品种修正系数 M_1	水泥细度	水泥细度修正系数 M_2
矿渣水泥	1.25	1500	0.90
快硬水泥	1.12	2000	0.93
普通水泥	1.00	3000	1.00
火山灰水泥	1.00	4000	1.13

骨料品种	骨料品种修正系数 M_3	水灰比	水灰比修正系数 M_4
砂岩	1.90	0.3	0.85
无粗骨料	1.00	0.4	1.00
花岗岩	1.00	0.5	1.21
石英岩	0.80	0.6	1.42
水泥浆量%	水泥浆量修正系数 M_5	初期养护天数	养护条件修正系数 M_6
20	1.00	7	1.00
25	1.20	14	0.93
30	1.45	20	0.93
35	1.75	28	0.93
环境相对湿度%	环境相对湿度修正系数 M_7	水力半径的倒数（cm^{-1}）	构件尺寸修正系数 M_8
25	1.25	0	0.54
30	1.18	0.1	0.76
40	1.10	0.2	1.00
50	1.00	0.3	1.03
混凝土振捣方法	振捣方法修正系数 M_9	$E_a A_a / E_b A_b$ 配筋率	配筋率修正系数 M_{10}
机械振捣	1.00	0.00	1.00
手工振捣	1.00	0.05	0.83
		0.10	0.76
		0.15	0.66
		0.20	0.61

通过计算规律、表中数据及工程实践探索：我们总结了以下几个使裂缝容易产生的因素。

1. 水泥

普通混凝土的强度主要决定于水泥石的强度及其与骨料表面的粘结强度。混凝土的收缩也有很大部分来源于水泥石的收缩。水泥石的结构是由未水化的水泥颗粒、水化产物以及孔隙组成。水化产物晶体共生交错,形成结晶网络结构,在水泥石中起重要的骨架作用。水化硅酸钙凝胶比表面积大,相互间受到分子间引力作用,相互接触而发展了水泥石的强度。但其中内部的孔隙会影响水泥石强度的发展。由于水泥石的孔结构由水泥细度与颗粒组成决定。所以水泥颗粒越细,其水化、凝结硬化速度越快,水化也越充分,有利于其早期和后期强度的提高。

根据前苏联的试验资料,水泥性质对混凝土的收缩影响很小,即使净水泥浆表现出较大的收缩也不意味着由这种水泥制造的混凝土的收缩也大。对于水泥细度,只是当粒径大于 $75\mu m$ 的水泥由于不易水化,对收缩起约束作用之外,更细的水泥并不影响混凝土的收缩。一般情况,水泥的化学成分对收缩并无影响,只是当石膏掺量不足者才表现出较大的收缩。目前在高层建筑施工中,主要由于随着混凝土技术的发展,混凝土强度也由原来C25、C30发展到现在C50、C60,混凝土强度等级的提高,水泥用量也随之增加,直接导致水化热的提高,增大了早期混凝土的热胀,从而加大了混凝土温度降低后的冷缩。

2. 骨料

水泥石与骨料的粘结力与骨料的表面状况有关,骨料表面粗糙,则与水泥石粘结力较大,故在原材料及坍落度相同情况下,用碎石比用卵石强度来得高。增大骨料粒径,可以减少用水量,而使混凝土的收缩和泌水随之减少。同时骨料本身的强度一般比水泥石强度高(轻骨料除外),所以不直接影响混凝土强度,但若骨料经风化等作用而强度降低时,则用其配制的混凝土强度也较低。

混凝土中骨料重量与水泥重量之比称为骨灰比。骨灰比对35MPa以上的混凝土强度影响很大。在相同水灰比和坍落度下,混凝土强度随骨灰比的增大而提高,因为骨料增多后表面积增大,吸水量也增加,从而降低了有效水灰比,使混凝土强度提高。另外水泥浆相对含量减少,致使混凝土内总孔隙率体积减少,也有利于混凝土强度的提高。

在混凝土内部,骨料对水泥石的收缩起约束作用。混凝土的收缩对净水泥浆收缩的比取决于混凝土的骨料含量 V_a(以体积的%计)。骨料含量越大则收缩越小,并可近似用下列公式表达:

$$\varepsilon_s = \varepsilon_0 (1 - V_a)^2$$

在实际施工中考虑到泵送混凝土的要求,规范对骨料的粒径和级配都作出了限制。现在一般商品混凝土的砂率在40%以上,比普通混凝土的用砂量高,石子粒径5～25mm,比普通混凝土的石子粒径要小。由于细骨料的增多,减弱了混凝土之间的连接能力,增大了裂缝产生的机会。

3.水灰比、坍落度

水灰比是混凝土进行拌和时候的一个敏感指标。

在采用同一种水泥(品种和强度等级相同)时,混凝土的强度主要取决于毛细管孔隙率或胶空比,这些参数都难于测定。但是充分密实的混凝土在任何水化程度下毛细管孔隙率可由水灰比所确定。在水泥强度等级相同情况下,水灰比愈小,水泥石强度愈高,与骨料的粘结力也愈大,混凝土的强度也愈高。同时为考虑对混凝土和易性、水泥用量等方面的要求,水灰比又不宜太小,否则将影响强度的发展。当混凝土承受干燥作用时,首先是大空隙及粗毛细孔中的自由水分因物理力学结合遭到破坏而蒸发,这种失水不引起收缩。环境的干燥作用使得细孔及微毛细孔中的水产生毛细水压力,水泥石承受这种压力后产生压缩变形而收缩,即"毛细收缩",是混凝土收缩变形的一部分。待毛细水蒸发后,开始进一步蒸发物理-化学结合的吸附水,首先蒸发晶格间水分,其次蒸发分子层中的吸附水,这些水分的蒸发引起显著的水泥石压缩,产生"吸附收缩",是收缩变形的主要部分。混凝土的收缩来源于水泥石的收缩,水灰比大,收缩大。所以较高的水灰比可能会有两种影响:养护前期,孔隙水处于饱和阶段,收缩量小,但是后期如果养护条件恶化(比如拆模后的暴晒),导致孔隙水丧失过快,相反会引起混凝土收缩量的增大。

但目前为便于泵送混凝土,商品混凝土的坍落度一般在10cm以上,在一些高层建筑施工时,坍落度甚至要超过20cm。所以水灰比一般在0.6左右,造成混凝土在硬化过程中,由于水分蒸发和胶凝体失水后引起干缩量加大,产生裂缝的概率也加大。尽管采用减水剂后,可降低水灰比,也有利于泵送。但由于商品混凝土从搅拌站装运至施工现场的时间原因,再加上商品混凝土的现场质量控制不严,出现随意向已预拌好的混凝土中加水的现象并在加水以后又不进行二次搅拌,造成混凝土水灰比增大,严重影响混凝土拌和物的质量,使混凝土产生收缩裂缝的机会大大增加。

4. 外加剂、外掺料

在混凝土中加入各种外加剂可以使混凝土获得一些必要的特性。目前商品混凝土中应用的外加剂种类繁多,主要有:加气剂、塑化剂、高效减水剂、矿物质掺料等。

掺加加气剂对混凝土有两种作用:从成分方面有增加收缩的作用;另一方面可以减少含水量,又有减少收缩的作用。两者共同作用对收缩几乎不产生明显影响。

在混凝土中掺加各种塑化剂、高效减水剂可以在保证其他组分用量不变的前提和保持良好的工作性条件下,大幅度度减少用水量,降低水灰比,一方面可提高早期强度和后期强度,另一方面可以减少收缩。但过量地掺加塑化剂和减水剂又会显著增加收缩。

近代混凝土中掺活性粉料——粉煤灰的研究应用获得很大发展。由于可提高工作性,降低水化热(掺水泥用量的15%,降低水化热的15%左右),得到了大量应用,特别是泵送大体积混凝土。但同时应当注意到掺粉煤灰的混凝土早期抗拉强度及早期极限拉伸有少量的降低(约10%~20%),后期强度不受影响。这是因为粉煤灰混凝土的强度增长主要决定于粉煤灰的火山灰效应,粉煤灰在混凝土中当$Ca(OH)_2$薄膜覆盖在粉煤灰颗粒表面上时,就开始发生火山灰效应。但由于在$Ca(OH)_2$薄膜与粉煤灰颗粒表面之间存在着水解层,钙离子要通过水解层与粉煤灰的活性组分反应,反应产物在层内逐渐聚集,水解层未被火山灰反应产物充满到某种程度时,不会使强度有较大增长,随着水解层被反应产物充满,粉煤灰颗粒和水泥水化物之间逐步形成牢固联系,从而导致混凝土强度、不透水性和耐磨性的增长。对于收缩的影响根据德国所做试验提供的数据分析:掺加粉煤灰后,通常会增大水泥浆体的体积,所以如果用水量保持不变,则干缩可能会稍微增大,但如果用水量因掺加粉煤灰而减小,则由于浆体增大的收缩可得到补偿。

超细矿物质掺料则对高强混凝土的性能影响更大,作为高强混凝土掺和料的超细矿粉均具有较高的比表面积和活性,与水泥掺和使用后的水化产物主要为水化硅酸钙凝胶和水化铝酸钙,水化速度快,其体积减缩值大。以硅粉为例,化合后引起体积减缩为 9.04%,粉煤灰和矿渣体积减缩分别为 16.98% 和 13.34%。因此超细矿粉的掺入增加了高强混凝土的自缩值,也增加了它出现收缩裂缝的几率。

三、控制早期裂缝的对策

针对以上分析,对商品混凝土生产基地的原材料进行抽检试验,是防治收缩裂缝的一个主要控制指标,要严格控制好商品混凝土的原材料质量和配合比设计,并在施工中采取措施加以保证。

1. 宜选用合格的、水化热低、收缩小、耐久性好的矿渣水泥、低热水泥等,控制好水泥细度和水泥用量的指标;

2. 砂宜选用细度模数 $M=2.8\sim3.0$ 的中砂,严格控制含泥量不大于 2%(最好经过水洗);石子宜采用级配良好的碎石,并控制含泥量不大于 1%;

3. 外加剂的选用一定要慎重,宜采用二次添加的方法,即在预拌厂搅拌时先掺加 70%,到施工现场再添加 30%,以减少混凝土的坍落度损失,最大限度的降低水灰比。粉煤灰的加入,总的来说提高了混凝土的性能,对收缩的影响又较小,应提倡使用,但需注意适量,特别是注意超细矿物质掺料加入对高强混凝土的性能影响,可以考虑采用微膨胀剂来减小混凝土的收缩。

4. 加强商品混凝土质量的现场控制和验收,商品混凝土在出厂运输过程中和卸料时不可产生离析,混凝土不得失去任何一种原料,也不能混入其他外来成分和附加水分,特别是不准随便加水和向运输泵车料斗中加水。泵送混凝土前,再做一次坍落度试验,坍落度超标的混凝土严禁使用。

5. 在施工中,注意泵送混凝土的速度,避免一次入模量太多;建议对浇筑后的混凝土进行二次振捣,以排除混凝土因泌水在粗骨料、水平钢筋下部生成的水分和孔隙,减少内部微裂缝的形成和发展,提高混凝土与钢筋的握裹力,增加混凝土的密实度,可以使混凝土的抗压强度提高 10%～20%左右,从而提高抗裂性。养护应该尽量提前,越早越好。特别是遇到干燥、大风、烈日暴晒的天气,要在二次振捣后,及时养护,随抹随覆盖塑料薄膜,不易覆盖塑料薄膜的部位要涂刷养护剂。塑料薄膜的保温性能好,能有效防止风吹日晒,防止混凝土水分过度蒸发,避免混凝土出现早期的塑性和干缩裂缝。

四、结论

目前采用商品混凝土的现浇住宅的楼板裂缝是一种常见的建筑质量通病,虽然许多裂缝并不影响结构的承载力,但作为评价住宅质量的一个很重要的指标……裂缝问题,我们必须加以特别重视,相信只要我们从源头上加以控制,加强商品混凝土质量的现场管理,进一步研究商品混凝土的材料性能及其材性的改良,就能从根本上控制住商品混凝土早期裂缝的产生。

参考文献

1. 杨伯科主编.混凝土实用新技术手册.长春:吉林科学技术出版社,1998年
2. 王铁梦著.工程结构裂缝控制.北京:中国建筑工业出版社,1997年

3. 现浇钢筋混凝土楼板采用商品混凝土施工的裂缝分析及控制

陶建民[①]（宁波市建设集团股份有限公司　315000）

王旭峰（同济大学　200092）

【摘要】 针对现浇楼板商品混凝土施工中出现裂缝问题，通过工程实例分析了施工中采用商品混凝土现浇楼板容易产生裂缝的各影响因素；并提出在工程施工中如何进行裂缝控制的一些建议和方法。

【关键词】 现浇楼板　裂缝控制　振捣工艺　模板　支撑体系　施工管理

【中图分类号】 TU755；528　/文献识别码 A　**【文献编号】** 1004-1001(2001)05-0326-28

一、概述

近年来，由于土木工程施工技术的不断发展，混凝土制备、运输设备的不断更新，在住宅建设中，预应力空心板楼面形式逐渐让位于现浇楼板形式。现浇楼板解决了预应力空心楼板拼缝纵裂的质量通病，加强了结构的抗震性能，但在对现浇楼面住宅进行的调查中却发现：在相当一部分现浇楼面结构中，当拆下层模板时，在边跨板面常出现顺板外缘裂缝，在房屋角部板面往往出现呈等腰三角形的45°斜裂缝，这种情况出现在呈一字形布置的小高层住宅概率较高层剪力墙住宅中为大，尤其在房屋角部有大房间时。还有许多裂缝在板面沿楼板支座边0.3m范围内平行于支座展开，甚至有些楼板四周均出现连续的裂缝，这些裂缝出现在设置施工井架或施工塔吊位置相接的楼板中概率更大。

---

① 陶建民，1969年生，宁波市建设集团股份有限公司，项目经理、工程师。

二、施工阶段裂缝分析与控制

现浇楼板产生裂缝的原因是多方面因素共同作用的结果,总的来说可以从混凝土材料特性、结构设计和施工条件这三方面来归类分析。从施工因素角度来说:楼板的模板、支撑变形或沉陷,混凝土的制作和振捣工艺等许多方面的施工质量问题以及养护不当都会增加产生裂缝的可能性。本文将着重从以下几点加以叙述,并提出相应对策和建议。

1. 混凝土的振捣工艺

凡事过犹不及,混凝土施工中充分振捣可使骨料和水泥浆在模板中得到致密排列,将有助于混凝土的密实性和抗裂性,但过分振捣将使粗骨料沉落挤出水分、空气,表面呈现泌水而形成竖向体积缩小沉落,造成比下层混凝土有较大收缩性的表面砂浆层,等水分蒸发后极易形成凝缩裂缝。若施工中模板、垫层在浇注混凝土之前洒水不够,过于干燥,则模板吸水量大,更易引起混凝土塑性收缩,产生裂缝。同样混凝土浇捣后的过度抹平压光也会使混凝土的细骨料过多地浮到表面,形成含水量很大的水泥浆层。水泥浆中的 $Ca(OH)_2$ 与空气中 CO_2 反应生成碳酸钙,放出结合水而使表面体积碳化收缩,导致混凝土板表面龟裂。

所以建议对浇筑后的混凝土进行二次振捣,以排除混凝土因泌水在粗骨料、水平钢筋下部生成的水分和孔隙,减少内部微裂缝的形成和发展,提高混凝土与钢筋的握裹力,增加混凝土的密实度,可以使混凝土的抗压强度提高 10%～20% 左右,从而提高抗裂性。需注意的是施加二次振捣的最适宜时间为坍落度已经消失、混凝土接近初凝时,这时若将运动着的振动棒以其自身重力逐渐插入混凝土中进行振捣,混凝土仍可恢复塑性。如果恢复塑性的程度能够在振动棒小心地拔出后,混凝土能自行闭合而不留下孔穴,即可认为这时施加二次振捣是适宜的。这个时间一般是在浇筑混凝土 4 小时后。同样,二次抹压表面处理也是一个很好的措施,有利于减少混凝土早期塑性裂缝。因为混凝土硬化前,混凝土还未终凝,主要是上部的均匀沉降受到限制,水平方向比垂直方向收缩量更大才会出现不规则裂缝。这时用木抹拍打压实裂缝处的混凝土,可以消除混凝土的收缩应力,闭合泌水收缩裂缝。这时立即加以养护,可排除非均匀降温差引起的自约束,减少和避免混凝土在升温阶段产生裂缝。

2. 模板、支撑体系

在现浇混凝土楼板中我们还常发现这样一种裂缝,即沉陷裂缝。首先这可能由于模板支撑的刚度不够、梁板支撑刚度差异或模板挠度过大,在荷载作用下变形沉陷;其次是施工期间的过度震动使支撑刚度变异部位多次发生瞬间相对位移,或是没有在混凝土获得足够强度之前而过早拆模。

目前高层住宅结构的施工进度一般是七天一层,施工单位配备四套模板,当拆除最下层模板时,楼面结构混凝土的强度已基本达到28d设计强度。但有些单位仅配备三套模板周转使用,施工进度稍快时能达到五~六天一层,这样在拆除最下层模板时,楼面结构混凝土尚达不到18d强度。而原《混凝土结构工程施工及验收规范》(GB 50204—92)对此是有严格规定的。

假设施工时有四套模板周转使用,自上而下分别隶属楼板为第 n、n_1、n_2、n_3 层。由于上层混凝土龄期小于下层混凝土,而且都在28d龄期以内,所以第 n、n_1、n_2、n_3 层楼面刚度递增 $Bn < Bn_1 < Bn_2 < Bn_3$,在假定各楼层脚手架无压缩变形的前提下,各楼层对应点沿竖向变形协调 $\delta n = \delta n_1 = \delta n_2 = \delta n_3$。很显然各楼层内力值为 $Mn < Mn_1 < Mn_2 < Mn_3$,即上面楼层在承担很小一部分自重(含模板脚手自重)以外,通过脚手架把大部分荷载都转递给下层,这样最后大部分荷载集中作用在第 n_3 层,在拆除第 n_3 层模板时,便很有可能因板中内力值超过强度要求而导致裂缝产生。

尽管在目前大型和高层建筑施工中,利用将跨度较大的现浇楼板通过竖向支撑变为短跨受力状态的原理,来采用早拆模板与支撑体系,以达到早拆模板、提高模板利用率、减少模板用量的目的。然而通过工程实践却仍然发现:在早拆柱头以及支撑带位置的楼板顶面,会出现断断续续的细小裂缝,在个别位置甚至较为明显。这主要是由于：

(1) 未能及时测定混凝土的强度。规范中已明确规定混凝土的早拆强度,所以在模板拆除前应对楼板混凝土强度进行评定(如压试块或回弹测试),而实际操作中,施工者往往人为地规定混凝土自浇筑至拆模的时间。但混凝土的水泥、骨料品种、外加剂类型等自身特性和气温等环境条件都未加以综合考虑。

(2) 楼板上施工荷载中,拆模后的楼板立刻承受较大的集中荷载,例如:成束吊运并平行于支撑带堆放的钢筋、集中堆放的模板和支撑、置于跨中的施工设备和人员等。这些荷载常超出了控制荷载,导致支撑带处的负弯矩 M 超过混凝土的开裂弯矩,产生裂缝。

针对以上几点,我们可以采取以下几点相应措施：

(1) 模板及支撑体系要有够的刚度。楼板模板支撑的间距要适宜,使其刚度与梁模板刚度不至于有太大的差距。在与施工井架相接或施工运输工具频繁经过的楼板模板中间要适当加强模板支撑系统。

(2) 对于高层及小高层住宅中由于拆模早而引起的边跨板面裂缝,可以采用如下控制方法：

1) 由于设计中对多跨连续板边跨的板边往往简化处理为简支,由此而产生的误差在构造上予以配置构造钢筋补强,但所配置的构造钢筋又往往存在直径过细,间距过大。建议设计对边跨边支座配筋时按固端考虑边支点,对该跨跨中及内支座配筋时,边支座仍可按简支考虑,并适当增大板边的构造配筋率。

2) 上部钢筋直径应大于 $10\sim 12mm$,最好采用变形钢筋或冷轧带肋钢筋。在施工中做好对上部钢筋的保护以防被践踏到下部。在房屋角部及柱四周板面适当配置防 $45°$ 状裂缝的放射构造钢筋。

3) 建议在条件许可下,多使用木模板,其相应荷载可较组合钢模板每平米减少 250N。

4) 若要提早拆模,可在楼板混凝土中掺用复合高效减水早强剂,因其 3d 强度比普通混凝土增加 30%,7d 强度可达 90%。

(3) 对于早拆模板、支撑体系,应严格控制楼板混凝土的拆模强度和早拆后楼板上的施工荷载。在资金允许的条件下,宜配置两个流水段的早拆模板,以适应小段流水的作业方式,也有利于配合滑模、爬模等快速施工中的现浇楼板工序的跟进。

3. 施工管理

建筑业的改革使我们在加强施工管理,增进文明施工方面制定了一系列的规定章程。但由于目前在建筑施工第一线具体操作的工人,有很大一部分是临时雇佣的民工,缺乏一定的专业知识,为严格施工规范和管理,带来了一定困难,亟待加强。

(1) 商品混凝土已广泛应用于现在的建筑施工中,它的质量的现场控制,将直接影响到施工后结构的质量。但由于大城市的交通路况,从搅拌站装运商品混凝土至施工现场往往需要较长时间。因此混凝土搅拌物的坍落度损失很大,如遇高温季节则损失更大。再加上现场施工管理不严,经常出现随意向已预拌好的混凝土中加水的现象。这将严重影响混凝土拌和物的质量,造成混凝土水灰比增大,游离水和层间水增多,增加了混凝土硬化浆体的空隙率,削弱了混凝土中水泥和骨料的界面粘结力,为将来混凝土产生裂缝留下了隐患。

(2) 由于不注意加强施工管理,在楼板近支座处的上部负弯矩钢筋绑扎结束后,楼板混凝土浇筑前,部分上部钢筋常常被工作人员踩踏下沉,又没有得到及时纠正,使其不能有效发挥抵抗负弯矩的作用,使板的实际有效高度减少,结构抵抗外荷载的能力降低,裂缝就容易出现。

(3) 在楼板的混凝土施工完成后,要待楼板混凝土具有一定强度后才能进行下一道工序的施工。在混凝土终凝初期应避免施工荷载对楼板产生较大的震动。特别是与施工井架相接的楼板,其混凝土施工是最后完成的,而承受施工荷载和振动却是最早和最频繁的。有些单位为抢工期,在楼板混凝土浇捣完成后第二天就上人上材料进行下一道工序施工,往往就导致了该处裂缝的产生。

(4) 混凝土的养护是防治裂缝的关键。在现浇楼板的施工中,由于板面混凝土一次性浇筑面积大,表面与空气接触面积也大,水化过程致使板面温度很高。如果养护时覆盖保湿隔热措施不当,受太阳照射后的昼夜骤降温差很大,更加快了混凝土表面的水分蒸发,加速了混凝土的收缩速度,使板内拉应力大于混凝土的抗拉强度,将导致产生裂缝的机会增加。针对上述情况,加强施工的规范程度和文明施工,防止质量事故,需要做好以下几点:

(1) 加强商品混凝土质量的现场控制和验收,商品混凝土在出厂运输过程中和卸料时不可产生离析,混凝土不得失去任何一种原料,也不能混入其他外来成分和附加水分,特别是不准随便加水和向运输泵车料斗中加水。泵送混凝土前,做好坍落度试验,坍落度超标的混凝土严禁使用。

(2) 浇捣楼板混凝土时必须铺设操作平台,防止施工操作人员直接踩踏上部负弯矩钢筋。同时加强浇捣楼板混凝土整个过程中的钢筋看护,随时将位置不准确的钢筋复位,确保其发挥相应作用。

(3) 合理的施工速度应建立在严密周全的科学组织基础上,在混凝土强度未达到1.2MPa之前,不准随便上人和集中堆放钢筋等重物;混凝土强度达到1.2MPa之后,堆放重物也应在两根梁之间放上方木,将重物重量通过方木传递到梁上。

(4) 养护应该尽量提前,越早越好。特别是遇到干燥、大风、烈日暴晒的天气,要在二次振捣后,及时养护,随抹随覆盖塑料薄膜,在不易覆盖塑料薄膜的部位涂刷养护剂。严禁在经太阳直晒后裸露的混凝土面上直接浇水养护,以防止由于温度骤降导致板面开裂。混凝土终凝后,设专人浇水养护,使混凝土处于湿润状态,养护应不少于7d。

三、结论

现浇住宅的楼板裂缝虽是一种常见的建筑质量通病,但只要加强混凝土楼板的施工工艺管理,严格遵守施工规程,就能大大减少混凝土室内楼板裂缝产生的可能性。

参考文献
1. 王铁梦著.工程结构裂缝控制.北京:中国建筑工业出版社,1997年
2. 杨伯科主编.混凝土实用新技术手册.长春:吉林科学技术出版社,1998年

4. 住宅建筑裂缝因果关系漫谈

熊耀莹

【摘要】 通过几十年笔者在施工技术管理和设计的生涯中常见或偶然发现的各类建筑裂缝,进行初步的分析,文中基本原理的阐述是谋求介绍分析问题的最佳切入点,和快捷直接刺入要搜寻问题的核心,其中大部分观点在书刊或全国专业学会上已表明过,但有些观点恰是初次公开坦诚相见,与此同时也顺便提出一些潜在的尚未普遍引起重视的问题,供广大同仁进一步进行研究探讨。准确对建筑裂缝机理的研究和认识,其对策也必然水到渠成。在对策方面除去阐明个人的观点,也扼要介绍了《上海市住宅混凝土现浇楼板裂缝对策研究》课题组设计、施工、建材三个分组的研究成果和初步的意见。

【关键词】 因果关系 潜在过程 主要因素 特定部位 蹂躏 握裹力松弛 裂缝迟到现象 潜伏期 裂缝不可逆 塑性变形 主拉应力 水平剪应力 结构牵连 刚度协调 保温

一、概述

一切建筑裂缝的产生都是由于客观存在着造成建筑裂缝不可分割的裂缝因素的因果关系,或者说客观存在着裂缝的因素必然不可回避的要产生建筑裂缝。问题是,裂缝是明显的,而裂缝因素都是隐蔽的,令人困惑,好像犯案的现场总难以一下捕获到作案的凶手,这就要求"我们去侦破"原因,在众多熟知的原因中运用逻辑推理方法查找内在的联系分清主次原因。一般说某一特定固定位置的建筑裂缝都有特定的因素,当然也可以根据部位特征而锁定因素,框住主导因素,但不能把"帮凶"误为"主犯",否则我们会放过造成裂缝的第一因素。如果我们不去深入思考只能抓住"协从犯"会影响对裂缝彻底处理的对策。这就需要我们借助多方面的知识进行深入细致的科学分析,去思索不同时间、不同部位、不同走向的结构裂缝出现前的外界客观遭遇和结构内部的潜在过程和裂缝出现后的变化动态,否则我们就要做出错误的判断。

二、基本概念

常见结构后期的裂缝主要因素有自生收缩、温度应力和结构计算误差三个方面造成。

首先是我们谈混凝土自生收缩(原理从略),其6个月至一年后收缩率量值约为 $4\times10^{-4}\sim6\times10^{-4}$,随着混凝土配合比和强度不同有时可达 $6\times10^{-4}\sim8\times10^{-4}$,甚至更多。从混凝土浇捣后的数天(混凝土初期硅酸盐水泥即收缩,矿渣水泥早期有膨胀)后即开始收缩,其收缩持续不断进行,其收缩应力无所不在地充满着整个混凝土存在的空间,因而所有由于其他主导因素触发结构裂缝(温度或超负荷外力)的出现总是少不了混凝土自生收缩的影响。正是由于混凝土自生收缩的普遍性,所以我们在分析思考问题时最好首先把混凝土自生收缩的影响排除在外。但我们并不能无视混凝土自生收缩的危害,因为它永远是裂缝开展的"协从犯"或者说是裂缝永恒的"帮凶"。实际上没有其他主导因素,混凝土自生收缩一般情况下形成不了很大威胁,这就好像鸡蛋不裂缝苍蝇就不会叮上去一样。我们对混凝土中的配筋抵抗混凝土收缩的能力要有一个足够的估价。混凝土的极限抗拉变形仅为 $0.7\times10^{-4}\sim1.0\times10^{-4}$,世界各国的研究者采用慢速加荷可以使混凝土极限抗拉变形提高一倍,而钢筋阻滞混凝土延钢筋方向收缩,使混凝土抗拉极限值提高了八倍以上,这是由于收缩应力在缓慢增加的同时,混凝土的徐变(塑性变形)也在增加(收缩应力又在逐步削弱),混凝土的徐变提高了混凝土极限抗拉变形。或者说钢筋与混凝土有良好的握裹力,把混凝土收缩形成的裂缝延钢筋方向分割成无穷多的裂缝,这时裂缝就是无穷小,混凝土分子就无限地接近而不能形成裂缝。只要混凝土中有足够的钢筋和钢筋与混凝土之间有较好的"同盟关系"(握裹力不遭到破坏),混凝土收缩裂缝就能得到控制。反过来讲一旦穿过钢筋的混凝土产生裂缝,必然意味着钢筋与混凝土已有松弛的破坏,同时我们还可以根据裂缝的宽度来大致推测钢筋与混凝土的离散程度和范围。为此我们分析裂缝原因时,重点找出各种裂缝形成时钢筋与混凝土之间关系松弛的种种原因为切入点。混凝土后期产生的纯收缩裂缝,我们判第一因素为施工期间振动引起的裂缝,故称为施工振动而引起的裂缝,而不称收缩裂缝。

我们研究温度裂缝时,首先要研究温度裂缝的特点,要了解温度应力,具有潜在性、巨大性、应力作用的波动性和长期性。一幢安静的建筑物微观上无时无刻不在温度作用下进行激烈的活动,使建筑内部充满了力学的矛盾。我们知道混凝土的热膨胀系数为$\alpha_c = 1 \times 10^{-5}/℃$,钢材为$1.2 \times 10^{-5}/℃$,混凝土弹性模量$E_c = 3 \times 10^4 N/mm^2$(C30混凝土),当混凝土温度升高20℃,其相对变形为2×10^{-4},如果要阻止混凝土的膨胀或收缩变形是很困难的,对3m高20cm宽的混凝土剪力墙来说,会产生360T膨胀力或者说使用360T的压力可以绝对阻止混凝土剪力墙膨胀伸长。即使30cm高的圈梁也有几十吨的胀力。因而混凝土的温度膨胀势不可挡。不保温的混凝土随着大气温度的起伏频率不变化,隐蔽的挤压或拉伸建筑结构,温度的起伏使某些钢筋混凝土受到长期反复无情的"蹂躏",使钢筋与混凝土之间密切联系遭到破坏失去握裹力而出现裂缝。因而建筑物一旦形成虽然立即便有温度应力发生,但裂缝不会马上出现。因为将被破坏部位的钢筋混凝土还没有遭到温度应力时效的破坏,这就是温度应力在混凝结构上产生破坏裂缝的"迟到现象",这种"裂缝迟到现象"往往会使我们把温度裂缝误判为混凝土收缩裂缝,因为温度引起结构的变异(伸缩或弯曲),我们除去凭借理论是难以用肉眼察觉的。温度应力摧毁没有钢筋的脆材料时很短时间就可能出现裂缝。温度应力的潜在的隐性时效破坏过程,也是对研究裂缝最重要的过程。混凝土水化热引起的收缩裂缝也很普遍,也成为人们研究的最多的论题。但水化热收缩裂缝在混凝土初期仅出现一次,在这方面人们通常对混凝土内外温差较为重视,而对混凝土绝对温升有所疏忽,因而在厚大地基中采用保温捂的方法，绝对温度可达 70℃ 以上，相对温升可达 50℃，这时虽然表面未发生温差裂缝，如基础底板被桩头锁定，看不见的底板上可能就破坏很严重，因为对于 70m 长基础在冷却时要收缩 35mm，温升过高还会影响钢筋与混凝土之间的握力损伤，因钢筋温度膨胀系数比混凝土高 20%（$E_s = 1.2 \times 10^{-5}$）。在地下室墙板浇筑时，有些工程师不敢立即拆模，如浦东西南花苑地下室墙监理每 28d 才能拆去竹胶合板，其结果每隔 2.5~4m 就是一条收缩裂缝（当时混凝土中还掺入 12% UEA），主导因素是混凝土中水泥水化热得不到及时散发，UEA 掺入又火上浇油，增加发热量，而 UEA 和温升膨胀在有限制约的模板中其能量得不到储存，墙板又被底板锁定不能自由收缩，地下室墙板钢筋均不可避免地遭受到插入振捣器的触及，钢筋握裹力也遭到一定程度的损害，所以当地下室墙板温度一旦升高就逃避不了裂缝的命运。这里也顺便把微膨胀剂的性能进行理性的分析，为什么不能补偿混凝土的收缩，掺入 UEA 的混凝土即使在水中养护也可获得初期混凝土膨胀率 0.04%，如果 0.04% 膨胀能量全部保存下来，应该在混凝土中产生 12MPa 预应力，而根据相应规范定义混凝土中获得 0.2~0.7MPa 预应力即所谓补偿混凝土，其实只能补偿收缩率 0.00067%~0.00233%，而混凝土收缩率往往大于 0.04%，所以补偿混凝土对混凝土的收缩救助只能是杯水车薪，因而规范对补偿混凝土的定义实在荒唐。但我国每年要消耗 1000 万吨微膨胀剂是令人难以理解的，特别是许多设计院对微膨胀剂津津乐道，倍加推崇。江苏从含有高碱的角度已严令禁止使用 UEA。我们在许多工程中如 70m 长的地下室使用小钢模，混凝土安然无恙（钢模导热系数 50W/(m·K)，而木模为 0.15W/(m·K)，再加上钢模较薄，实际散热系数差千倍），这是由于防止墙板温升的结果。目前我公司凡未使用钢模浇筑地下室墙板时，均规定在混凝土达到拆模的强度必须迅速将模板打开散热以达到防裂效果。

　　从裂缝出现的表现特征还具有"渐开性"和"不可逆现象"，如果温度应力不具有"波动性"和"长期性",则温度应力的破坏力可能就很小,经过"潜伏期"以后,裂缝出现并不能跟随温度的收缩而减小,这是因为一旦裂缝形成收缩变形随之出现,裂缝除受拉应力外还伴生有剪应力和剪切变形,使裂缝难以再吻合;另一方面裂屑掉进裂缝后使裂缝难以再闭合,因而裂纹随着温度的波动会逐步展开。

另一方面由于结构力学问题使结构超负荷防不胜防。如基础给予地基的均衡压力而地基包括桩给予基础的反力永远不均衡,这是由于地基应力各点收敛速度不一样。在规范中仅对箱基反力明确给予不同的反力系数外,而其他基础设计人员包括设计软件在一般住宅楼中全部使用地基平均反力来考虑问题,这也使住宅造成了不同部位的裂缝,比如过去多层住宅纵墙受主拉应力开裂就是因为建筑平均压力与不平均的地基反力造成建筑纵向受弯所致。结构上下牵连造成荷载加倍的超载。有时建筑师不小心无意中就给结构工程师设下结构刚度不协调的陷井,当不同刚度的梁或板组合在一起容易发现不协调问题,任何相同的梁组合在一起因荷载的方式不同,也会发生严重的刚度不协调而使建筑物开裂。

在施工中不管我们使用三套或二套模板,采用连续支模方法,会引起楼面超负荷问题,几乎成为一个施工技术老大难问题,对此我们在下面将也着重予以讨论和正面的了解。

三、温度应力对建筑物破坏的案例

1. 桃浦某幼儿园开始为砖女儿墙,混凝土压顶由于比砖砌体温度线膨胀系数大一倍而破坏,为此破坏后拆除重建改为钢筋混凝土女儿墙,我们预料混凝土女儿墙与下部砖墙可能要产生裂缝(附图1)。但半年后始料未及的是屋面板开裂,一场大雨使室内木板遇到破坏,与此同时与女儿墙相连的挑沿也开裂。这一案例是一个较为典型和直观的温差应力引起的破坏,屋面受女儿墙膨胀在板部拉裂,恰逢该屋面是刚性防水,渗漏的矛盾后果就体现得淋漓尽致。挑沿由于受膨胀女儿墙的弯曲而弯曲产生主拉应力裂缝,而正是挑沿裂缝清楚的揭示了我们难以用直观察觉出的女儿墙弯曲状态。其实实心混凝土女儿墙暴露在光天化日之下,在其他工程上屋面也均有不同程度的破坏。室内楼面在转角处混凝土外墙也因膨胀而拉断板角,沿45°方面裂缝(附图2),我们也曾观察到远在房间对角线方向开裂。同时我们还能全面的看到室内楼面除去水平方向温度应力,它还可能受垂直方向的温度应力。在实践中砖混结构中圈梁高控制在20cm厚度左右是安全的,而30cm以上厚的圈梁就有可能造成转角楼板的温度裂缝。

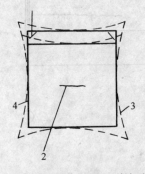 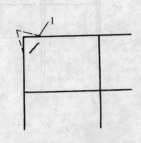

附图1 上海某幼儿园屋面裂缝示意图
1—挑出板因受弯曲由主拉应力构成裂缝;
2—屋面板在和主梁平行方向因受拉而裂缝;
3—混凝土女儿墙膨胀受屋面楼板约束而弯曲;4—混凝土女儿墙

附图2 高层建筑楼地面裂缝示意图
1—楼地面因室内外温差开裂发生在端部房间

2．太仓某房产开发商私自单方面强行取消屋面保温层,结果造成纵墙斜向剪切裂缝和端墙开裂。有些大型的屋面停置时间较长,也会引起结构自身开裂,如板面裂缝或板与室内大梁之间产生温差剪切裂缝,因而在施工上特别是大型建筑及时保温也很重要。

3．对于框架结构,如果建筑采用长梁厚柱也必然造成外墙开裂(如常州某高层建筑)。

4．框架多层结构中轻质墙体在墙中间形成水平裂缝比较多见和普遍(附图3),这也困扰着施工单位。这主要是由于外框架柱或剪力墙的垂直膨胀变形引起的。$A \sim B$较短,梁与填充墙

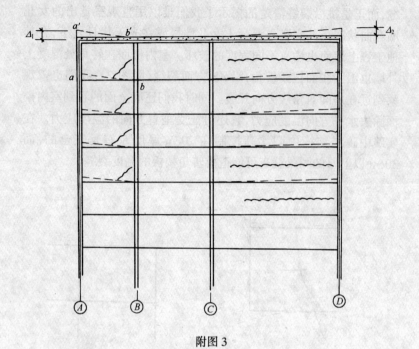

附图3

$aa'bb'$刚度较大,外墙柱膨胀上升的作用力有如作用在一个短小的牛腿上而引起45°剪切斜裂缝。在$C\sim D$方向有如一悬挑梁向上弯曲,而"梁"上水平截面内产生的水平剪切力在中性轴部位最大,所以裂缝均呈现在中央部位是合乎情理的,对于该裂缝不能简单的看作为砌体收缩。由于砌体为脆性,所以这种裂缝砖墙砌好未粉刷前就可以出现。裂缝出现的潜伏期比钢筋混凝土短(此外在梁柱周边也可能由于外柱的膨胀而引起砌体裂缝)。

四、裂缝渗透在力学的疏忽中

1. 设计人员对桩基的计算总是以单桩试验为依据,但在群桩中各桩反力有差异,特别是桩距较小时边桩与中间桩差异较大,而在独立的高层中结构自身有无限的刚度足以抵挡各桩反力不同对基础的不利作用,当高层设置抗震或温度缝时矛盾会暴露出来。凉城某两幢高层中间设两道抗震缝,结果地基自身沉降差仅为

10mm,但地下室底板与侧墙板与上部留缝对应开裂(附图4),设计方认为地基沉降差在规范范围内,再说结构单桩荷载计算与上部吻合,所以设计单位既不承认设计有问题,更不承认第二幢高层改变设计。为此逼得施工单位要对簿公堂时,设计单位才谨慎请同济大学四个教授

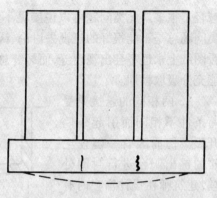

附图4 地基不平均反力造成地基弯曲而开裂

评论此方案才感到第二幢必须修改设计的结果。

此后宰金珉教授把这一典型案例收录在他撰写的《高层建筑基础分析与设计——土与结构物共同作用的理论与应用》一书中。

我们也看到有些有经验的设计人员已经考虑了群桩的效应和反力差异,在高层预留缝处地基和基础均予以加强。

2. 浦东某小区住宅楼二楼楼面有一条裂缝,板面裂缝宽度达2mm左右,在该层与之对称的一间也有一对称裂缝。由于小区业主状告要求专家鉴定,结果询问设计人员承载力可否满足安全需要,后经设计人员核算无误,判断为混凝土收缩裂缝,顺理成章也必然由施工单位承担养护不良的差错。而实际上是结构工程师犯了结构牵连的错误。由于二层楼面下无分隔内墙(厨房间),从二层楼以上开始有分隔厨房间的内墙砌筑(一二层为跃层户),结构工程师按每层楼面各自负担各层的内隔墙。实际上二层以上的内隔墙引起的各层楼板的变形均可能传至二层,而二层的负荷为 $1+1/2+1/3+1/4+1/5$,这样本来二楼负载能力仅为1而变为2以上,为此对该裂缝仅作为无害收缩裂缝是不妥当的,正确的方法是把五隔墙顶部打开以消除六层对五层的影响,次之再打开四层、三层、二层,然后再从上至下的把缝堵严,以消除二层的附加荷载。但使用阶段的使用荷载还会按上述分配规律传到二层上来,但已

减轻了很多。此类问题可以说屡见不鲜,而众多设计人员遇到此类问题总是不能很好的正视去讨论、认真分析和改进,这也是由于看图纸上永远不会出现裂缝,而裂缝总认为是施工产物,所以也不能充分吸取教训。

3. 两相同的悬挑梁受荷条件不相同而引起外墙开裂。杨浦区有一幢住宅楼的挑出阳台进行封闭处理,建筑师在设计窗户时有一拐角窗,A 轴下的悬挑梁满砌填充墙,而 B 轴上的悬挑梁为转角窗附图 5(a),结果 A 轴外墙在第一挑梁

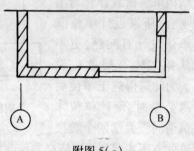

附图 5(a)

上方有斜裂缝,这是有各层挑梁与填充墙组成梁,或者说各层挑梁为砖墙的刚性支撑,该挑梁较短,在砖墙可能发生的刚性支撑角以内,所以挑梁几乎没有变形,而最底层挑梁没有外援,只能自由下垂,因而该梁沿刚性角开裂,此裂缝仅有一层,影响范围不大,但在 B 轴的各层挑梁则与 A 轴梁每层变形都不同,B 轴在荷载作用下自由下垂(而且也有上下牵连过载问题),A 轴不动而 B 轴有下垂这使所有的围护墙产生拧曲而造成渗漏(附图 5b)。为此甲方在起诉中状告乙方砌体砂浆不严实而造成渗漏(实际上砌体砂浆不可能 100% 饱满,而 100% 饱满的砂浆也绝不能杜绝墙体渗水)。当然设计者是不会自告奋勇来认错。为此施工人员也必须研究结构,事先把好设计交底关。

五、关于楼板对楼面压力负荷的讨论

冶金建筑总院陈宗严同志 1991 年中国模板协会西安会议上发表了多层混凝土梁板支模应采用二次支柱法的论文,文中介绍了二次支柱法和力学上彻底否定的传统连续支模方法,这是因为使用三套模板施工时当第六层顶板浇好后在第三层楼面应力分析发生超负荷峰值为 $2.38D$(D 为一层楼板和一层模支柱重量之

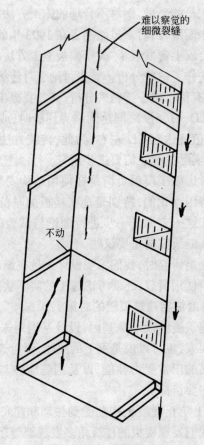

附图 5(b)

和),而其提出的二次支柱法楼面负荷仅为 $1.33D$,而且各层永远相等,此理论诞生后并在实践中加以实施,1989 年竣工的世界最高现浇结构高层为 73 层,当时平均施工速度为五天一层,现浇楼面内埋混凝土成熟度计以测知混凝土强度 24h 即可达到维持自重的强度,然后拆除模板后再重打上支柱,这样施工时仅需一套模板和三套立柱。同年江苏省学会无锡三公司在连云港年会上也介绍了这方面的讨论文章,并在住宅多层中加以实施的报导。二次支柱法无疑是一个创造性的思维,任何对传统方法的批判都多少带来了施工技术人员的恐慌,面对不合理的施工方法如何处置,而二次支柱法至今未能推行,后来虽然笔者在1993年的北京中国模板脚手架委员会会议上曾发表了"关于模板施工方法的探讨"也进一步对二次支桩法作了一些分析。首先讨论了对传统支模力学的批判是近似分析,有待于进一步精确分析,其二我提出了支柱有限承载力控制在 $1.2D \sim 1.5D$ 之间达到临界屈服时,或者使用二套模板,楼板负荷峰值逐达到 $2D$ 左右,为此,传统方法的超负荷理论问题并未解决,实际情况还需要进步研究。

我们总在考虑施工模板负荷是在使用结构安全度的潜力,这一理论问题还将困惑我们,特别是现在楼板加厚负载加重的情况下。我们希望在这一方面进一步进行理论与试验的研究,同时也是当前对楼板裂缝研究的重要议题。

为此在课题组研究时,我们希望设计人员在设计楼板荷载时,不仅要考虑建筑使用荷载,还要考虑施工的实际状态。

六、关于防治住宅建筑裂缝的对策

防治住宅建筑裂缝设计是基因,设计基因对未来建筑产品的质量起决定性因素,也可以说是纲上的问题,而后天的因素我们又要如何维护钢筋的正常受力性能,以及钢筋能够与混凝土有良好的共同关系为主要目标。

1. 在施工上防止混凝土初期受到振动和超负荷的影响是最重要的。目前我们发现楼板的楼板角多发现裂缝还有不规则的放射性楼底裂缝,乃至一些规则的收缩裂缝的出现,大都和混凝土早期受到冲击有关,因而防止施工中的振动与超负荷也就能防止收缩裂缝。

(1) 要求合理的工期,我们不能单纯为了商业目标而不顾产品裂缝的后果。

(2) 保证楼板有足够的刚度,支模立柱间距控制在 900mm 以内,并在纵横向双向分别架设水平支撑两至三道和剪力撑一道。

(3) 控制施工荷载,以及集中吊运堆放和超过楼面允许负荷,严格防止吊物冲击楼面,混凝土强度小于 10MPa 时严格控制后序的施工(原规范为1.2MPa)。

2．保证钢筋有正确的位置和楼板准确的厚度。

(1) 负弯矩筋要使用钢筋支撑(支架)，支架间距≤1m。

(2) 钢筋垫块形成后和浇捣混凝土前要架设走道，操作人员不得在钢筋上行走。

(3) 楼板每隔2m要设一个钢筋标志以控制楼板厚度。

3．及时养护并保证不小于7d，对一些缓凝混凝土可适当延长到14d。覆盖塑料膜是较有效的养护方法。

4．楼板上的砖砌内隔墙或框架填充墙应从上至下砌筑。如果从下往上砌筑时顶部堵塞可空置留待墙体和地坪粉刷结束后由上向下堵塞，可以减少结构牵连附加应力。

5．加强对施工模板负载的研究和测试。

6．关于塑料管的问题：

(1) 塑料管不得交叉放置，应使用接线盒，楼板厚度不宜小于12cm。

(2) 塑料管所布线路上应加钢板网或 $\phi 4$ 钢筋@100，长度不小于600mm。

7．在建筑设计上要与国外接轨，住宅楼外墙与屋面要采取保温措施，彻底解决温度应力对楼板和墙体的破坏。在不能保证实施前的过滤期，政府和新闻媒体要对用户群众说明道理。在过渡期中我们也要努力研究减轻温度裂缝，在多层建筑中，建筑师少设计凸出于墙面的混凝土腰线，更不能将这些腰线与圈梁组合起来，形成实际上砌体内混凝土超厚夹层。一般我们把圈梁高调整到20cm左右时不会对楼板产生45°裂缝伤害。而在有剪力墙的高层中边角楼板尽量使用双向双层配筋不搞分离式，同时钢筋选用螺纹钢和以细筋代粗筋的措施，这样能推迟或也能杜绝温度裂缝的出现。这是因巨大的温度应力源没有铲除。

8．混凝土内埋管应采取黑铁管内镀塑管。

9．适当控制建筑物长度，多层55m，高层45m，现浇混凝土强度等级不应大于C35。

10．建筑、结构和施工工程师要联系共同防御裂缝的发生,要积极投入到裂缝的研究活动中,工程师要清醒地认识到电脑软件设计的局限性,软件只能为工程师服务和服从工程师的指令决策,工程师任何时候决不能无条件服从软件,软件永远也不能替代工程师的头脑。建筑与结构工程师应把温度应力的计算早日逐步列入设计工作程序(上海曾有明文规定)。哪怕粗粗估算,总比鸵鸟政策好。另外在地基变形方面计算也应由粗到细,增加计算点,以揭示矛盾。

11．在建筑材料方面：

（1）严格控制混凝土用水,现浇混凝土 $190kg/m^3$ 以内(有些专家认为 $180kg/m^3$ 为宜)。

（2）严格控制混凝土坍落度以减少混凝土的收缩率(见附表1)。

附表1

泵 送 高 度	混凝土最大坍落度
50m 以内	$120 \pm 30mm$
50m 与 100m 之间	$150 \pm 30mm$
100m 以上	酌 情 调 整

（3）控制骨料(砂、石)质量,控制粗骨料数量：

1) 砂率控制在 40% 以内；

2) 每立方米混凝土粗骨料不少于 1000kg；

3) 禁止使用细砂。

（4）合理选用外加剂,外加剂减水率不应低于 8%,劣质外加剂不得使用。

（5）控制混凝土掺合料掺量。

1) 掺合料必须符合有关标准要求；

2) 低钙粉煤灰的使用及其掺量应符合标准或有关规范要求；

3) 矿渣微粉使用应符合有关标准或规范要求,同时不应大于水泥用量的 30%；

4) 掺合料总量不大于水泥用量的50%；

5) 水泥用量不少于200kg/m³(纯硅酸盐水泥180kg/m³)。

(6) 采取适当措施增加混凝土的抗拉度。

当工程需要时,可通过添加纤维等措施增加混凝土的抗拉强度,控制混凝土开裂。

5. 现浇钢筋混凝土楼板裂缝的成因及防治

周 磊
上海市建设工程质量监督总站

最近,"住宅楼浇楼板裂缝问题"成为居民住宅质量投诉热点。在处理投诉中,我们发现大部分裂缝表现为:表面龟裂,纵向、横向裂缝以及斜向裂缝。虽然,这些裂缝一般被认为对使用无多大危害,但在实际施工中仍有必要对其进行有效控制。特别是避免有害裂缝的产生。本文主要从施工操作方面来剖析裂缝的成因,探讨施工中具体的防治措施。

一、裂缝产生的原因

（一）混凝土水灰比、坍落度过大,或使用过量粉砂

混凝土强度值对水灰比的变化十分敏感,基本上是水和水泥计量变动对强度影响的叠加。因此,水、水泥、外掺混合材料、外加剂溶液的计量偏差,将直接影响混凝土的强度。而采用含泥量大的粉砂配制的混凝土收缩大,抗拉强度低,容易因塑性收缩而产生裂缝。泵送混凝土为了满足泵送条件:坍落度大,流动性好,易产生局部粗骨料少、砂浆多的现象,此时,混凝土脱水干缩时,就会产生表面裂缝。

（二）混凝土施工中过分振捣,模板、垫层过于干燥

混凝土浇筑振捣后,粗骨料沉落挤出水分、空气,表面呈现泌水而形成竖向体积缩小沉落,造成表面砂浆层,它比下层混凝土有较大的干缩性能,待水分蒸发后,易形成凝缩裂缝。而模板、垫层在浇筑混凝土之间洒水不够,过于干燥,则模板吸水量大,引起混凝土的塑性收缩,产生裂缝。

（三）混凝土浇捣后过分抹干压光和养护不当

过度的抹平压光会使混凝土的细骨料过多地浮到表面,形成含水量很大的水泥浆层,水泥浆中的氢氧化钙与空气中二氧化碳

作用生成碳酸钙,引起表面体积碳水化收缩,导致混凝土板表面龟裂。而养护不当也是造成现浇混凝土板裂缝的主要原因。过早养护会影响混凝土的胶结能力。过迟养护,由于受风吹日晒,混凝土板表面游离水分蒸发过快,水泥缺乏必要的水化水,而产生急剧的体积收缩,此时混凝土早期强度低,不能抵抗这种应力而产生开裂。特别是夏、冬两季,因昼夜温差大,养护不当最易产生温差裂缝。

(四) 楼板的弹性变形及支座处的负弯矩

施工中在混凝土未达到规定强度,过早拆模,或者在混凝土未达到终凝时间就上荷载等。这些因素都可直接造成混凝土楼板的弹性变形,致使混凝土早期强度低或无强度时,承受弯、压、拉应力,导致楼板产生内伤或断裂。施工中不注意钢筋的保护,把板面负筋踩弯等,将会造成支座的负弯矩,导致板面出现裂缝。此外,大梁两侧的楼板不均匀沉降也会使支座产生负弯矩造成横向裂缝。

(五) 后浇带施工不慎而造成的板面裂缝

为了解决钢筋混凝土收缩变形和温度应力,规范要求采用施工后浇带法,有些施工后浇带不完全按设计要求施工,例如施工未留企口缝;板的后浇带不支模板,造成斜坡搓;疏松混凝土未彻底凿除等都可能造成板面的裂缝。

二、裂缝的预防措施

1. 严格控制混凝土施工配合比。根据混凝土强度等级和质量检验以及混凝土和易性的要求确配合比。严格控制水灰比和水泥用量。选择级配良好的石子,减小孔隙率和砂率以减少收缩量,提高混凝土抗裂强度。

值得注意的是近十几年来,我国一些城市为实现文明施工,提高设备利用率,节约能源,都采用商品混凝土。因此加强对商品混凝土进行坍落度的检查是保证施工质量的重要因素。

2. 在混凝土浇捣前,应先将基层和模板浇水湿透,避免过多吸收水分,浇捣过程中应尽量做到既振捣充分又避免过度。

3．混凝土楼板浇筑完毕后，表面刮抹应限制到最小程度，防止在混凝土表面撒干水泥刮抹。并加强混凝土早期养护。楼板浇筑后，对板面应及时用材料覆盖、保温，认真养护，防止强风和烈日曝晒。

4．严格施工操作程序，不盲目赶工。杜绝过早上砖、上荷载和过早拆模。在楼板浇捣过程中更要派专人护筋，避免踩弯面负筋的现象发生。通过在大梁两侧的面层内配置通长的钢筋网片，承受支座负弯矩，避免因不均匀沉降而产生的裂缝。

5．施工后浇带的施工应认真领会设计意图，制定施工方案，杜绝在后浇处出现混凝土不密实、不按图纸要求留企口缝，以及施工中钢筋被踩弯等现象。同时更要杜绝在未浇注混凝土前就将部分模板、支柱拆除而导致梁板形成悬臂，造成变形。

三、裂缝的处理方法

1．对于一般混凝土楼板表面的龟裂，可先将裂缝清洗干净，待干燥后用环氧浆液灌缝或将表面涂刷封闭。施工中若在终凝前发现龟裂时，可用抹压一遍处理。

2．其他一般裂缝处理，其施工顺序为：清洗板缝后用1:2或1:1水泥砂浆抹缝，压平养护。

3．当裂缝较大时，应沿裂缝凿八字形凹槽，冲洗干净后，用1:2水泥砂浆抹平，也可以采用环氧胶泥嵌补。

4．当楼板出现裂缝面积较大时，应对楼板进行静载试验，检验其结构安全性，必要时可在楼板上增做一层钢筋网片，以提高板的整体性。

5．通长、贯通的危险结构裂缝，裂缝宽度大于0.3mm的，采用结构胶粘扁钢加固补强。板缝用灌缝胶高压灌胶。

参 考 文 献

1. 王铁梦．工程结构裂缝控制．北京：中国建筑工业出版社，1998
2. 韩素芳等主编．混凝土工程病害与修补加固．北京：海洋出版社，1996
3. 冯乃谦主编．实用混凝土大全．北京：科学出版社，2001
4. 刘秉京编著．混凝土技术．北京：人民交通出版社，2000
5. 赵志缙主编．新型混凝土及施工工艺．北京：中国建筑工业出版社，1996
6. 龚洛书、柳春圃编著．混凝土的耐久性及其防护修补．北京：中国建筑工业出版社，1990
7. V. M. Malhotra and A. A. Ramezanianpour, *FLY ASH IN CONCRETE*, second edition, Canada Center for Mineral and Energy Technology, September 1994